KB037661

혼밥
육아

혼자 먹어도 맛있고
아이와 먹으면 더 맛있는
레시피 에세이

혼밥
육아

이지현 쓰고
요리하고 그리다

팬덤북스

CONTENTS

혼밥육아
토닥토닥이.

아이가 예쁜 만큼

육아의 시간도

반짝일 줄 알았어

이렇게

내 시간이 없어도

되는 거야?

〈LTE 덮밥 규돈〉

"취업할래? 소개시켜주고 싶은 일자리가 있는데 신입도 경력도 상관없대. 일은 굉장히 보람될 거야. 배우는 것도 많고 하루하루가 뿌듯할 걸? 근무시간? 그게… 딱히 정해져 있지 않아. 야근도 잦을 거 같고, 주 7일 근무에 가끔 밤을 새기도 하는데 대체 휴가나 야근 수당은 없어. 그리고 이건 제일 중요한 건데… 일단 한번 입사하면 네 마음에 안 든다고 퇴사하는 건 불가능해. 어때? 한번 일해볼래?"

누군가 나에게 이런 일자리를 제안한다면 나의 대답은 두 번 생각 안 하고 바로, "내가 미쳤냐? 그런 일을 하게?"

일 것이다. 그리곤 궁금해 하겠지, "도대체 그런 일을 하는 사람이 있어?"

그런데 내가 요즘 그런 일을 하고 있다.

대가를 바라지 않고 누군가를 온전히 사랑으로 돌보는 일, 엄마가 바로 그것이다.

엄마가 되고 나서 가장 힘들었던 것은 나만의 시간이 없는 것이었다. 밥을 먹을 때도 아이를 쳐다보고, 샤워를 할 때도 아이가 찾을까 문을 열어두고, 자다가도 하루에 몇 번씩 일어나 아이들이 걷어찬 이불을 다시 덮어주고, 커피 한 잔도 앉아서 끝까지 마실 수 없는 생활에 몸도 마음도 지쳐 갔다. 여유 부릴 시간이 없는 건 그래도 참을 만했다. 내가 꼭 해야 할 일들을 못 할 때 신경은 점점 예민해져만 갔다.

결혼 전 나는 성격 급한 플랜맨이었다. 일단 계획한 일은 빠르게 마무리 지어야 했다. 하나의 일을 매듭짓고 또 다른 일을 시작하고, 날이 저물어 그날 내가 계획했던 모든 일을 깨끗하게 완료하고 그 리스트들을 눈으로 봐야만 두 다리 뻗고 홀가분하게 잠이 들 수 있었다.

하지만 아이가 태어나니 청소하고 설거지하고 빨래하는 그런 기본적인 가사 일조차 제대로 할 수가 없었다. 혼자 하면 10분이면 끝날 사소한 일들도 중간중간 엄마를 찾는 아이를 따라다니다보면 한 시간이 후르르 지난다. 그러다 보니 가사는 속도가 붙지도 않고, 해도 해도 끝이 나는 것 같지 않았다(실제로 지금 원고를 쓰는 이 순간에도 둘째는 내 옆에 서서 키보드를 마구 두드리며 나를 시험에 들게 하고 있다). 그러다 보면 결국은 '에구, 내가 널 데리고 무슨 일을 하냐.' 싶어 모든 일을 다 내려놓고 아이를 올려 안는다.

결국 집안일은 아이들이 잠들고 난 새벽녘에 시작된다. 새벽 3~4시까지 밀린 설거지를 하고 빨래를 삶고, 아이 장난감 소독에 물걸레질까지 하고 나면 떡실신이 이런 거구나 싶을 정도로 쓰러져 잠이 들었다. 아침이 되면 또 똑같은 일과를 시작하는 그런 생활이 계속 반복되었다. 내가 철인도 아니고 로봇도 아닌데 그런 생활을 오래 지속하는 건 불가능했다.

한번은 너무 피곤해서 낮에 소파에 누워 잠에 취해 있는데 잠결에 아이가 우는 소리가 들렸다. 순간 나는 아이를 세탁기에 넣으면 2시간 45분 동안이라도 조용히 잠을 잘 수 있을 텐데… 라는 끔찍한 생각을 비몽사몽으로 하다 소스라치게 놀라 일어나 한참을 운 적도 있다. 수면 부족으로

인한 우울증 증상이 나타난 것이다. 낮 동안은 어쩔 수 없이 깨어 있었지만 식욕도 없고, 말도 잘 나오지 않았으며, 행동이 굼떠지고 생각이 줄어들기 시작했다.

결국 한순간에 모든 가사를 놓아버렸다. 아이와 함께 생활하고 아이가 잘 때 같이 잠들었다. 그러면서도 계속 눈에 밟히는 그 일들을 보고는 스트레스 실린더가 점점 차올라 뒷골이 당겼다.

그 시기에 나를 더 힘들게 하는 건 '왜 너는 그것밖에 못하니 나는 이렇게 잘 살고 있는데'라고 자랑하는 파워블로거들의 육아블로그였다. 난 머리 감고 제대로 말릴 시간도 없는데 블로그 속 그들은 세팅된 머리에 네일 케어까지 완벽한 모습이었다. 게다가 카메라에 담긴 집 구석구석은 또 왜 이리 깨끗한지. 도대체 이 집 아이들은 놀고 먹지도 않는지 저 카펫이며 그릇장이며 건식 화장실이 웬 말인지 도무지 이해가 가지 않았다. 우아한 육아를 하는 이들을 보면서 나는 육아도 가사도 잘해내지 못하고 있다는 생각에 너무 비참했다.

그런 힘든 시간만 지나가던 그 시기에 친정엄마가 집으

로 오셨다. 정전기 부직포를 붙인 밀대로 쓱쓱 거실을 밀며 엄마는 그때 이렇게 말씀하셨다.

"대충해 대충. 뭘 그렇게 다 잘할라 그래? 그러면 너만 힘들어. 애도 대충 키우고 살림도 대충해. 아예 안 하는 것보다는 낫지 않니? 네 풀에 지쳐서는 결국 이게 뭐니 집이?"

난 그다지 엄마의 말을 잘 듣는 순종적인 딸은 아니다. 그러나 그때 엄마의 조언은 감당하기에 벅찬 일을 붙들고 이러지도 저러지도 못하던 내게 조용히 그 일을 내려놓고 한 발 떨어져 있는 계기가 되었다. 그 이후 누구에게든 도움이 필요하면 당당하게 도와달라고 말했다. '오늘 다 못하면 내일 하면 되지'라는 말랑한 마음을 갖게 되었고, 아주 가끔은 도우미 아주머니를 부르고 남편에게는 시치미를 떼는 꼼수를 부리기도 했다. 청소도 매번 대청소를 하기보단 하루하루 조금씩 나눠 하니 시간도 몸도 여유로웠다. 청소기 청소는 월수금, 물걸레질은 화목으로 정해서 하는 식이었다. 욕심을 버린 내 마음가짐은 식탁 위에도 고스란히 드러났다. 육수도 직접 내고 양념장도 직접 만드는 것만이 요리라고 생각했던 나는 시판 육수를 활용하거나 시판 소스나 양념장들로 가끔 일탈을 하기도 했다. 요리도 단계가 줄어드니 훨씬 부담이 줄어들었다.

몸이 힘들고 지칠 때 후다닥 만들어 먹을 수 있는 퀵 앤 이지Quick and easy 레시피들이 있다. 맛있는 건 당연하고 조리법도 꽤 간단하다보니 쉽고 간단한 이 레시피들을 사랑하지 않을 수 없다.

그중 으뜸은 영양 가득한 일본식 쇠고기 덮밥 규돈이다. 규돈은 달달한 간장 소스에 쇠고기와 양파를 함께 끓여 밥 위에 올려 먹는 일본의 대중적인 덮밥 요리, 즉 돈부리다. 여기서 돈부리라고 하는 것은 본래 일반적인 밥그릇보다 조금 더 큰 덮밥용 그릇을 말하지만 요즘 돈부리는 그릇에 밥을 담고 밥 위에 반찬이 되는 요리를 올려 먹는 덮밥을 뜻한다. 돈부리의 종류는 여러 가지가 있는데 돈가스를 올린 가츠돈, 튀김을 올린 텐돈, 닭고기를 올린 오야코돈, 생선회를 올린 가이세돈 그리고 쇠고기를 올린 규돈이 대표적이다.

이러한 덮밥은 형태에서 알 수 있듯이 본래 생업에 바쁜 서민들

이 식사를 간단히 하기 위해 만들어 먹었던 것이다. 그런 의미에서 돈부리는 정신없이 바쁜 육아를 하는 엄마들에게 꼭 맞는 음식이 아닐까 싶다.

엄마라는 일은 분명 고되다. 청초했던 오로라는 사라진 지 오래고 정신없는 하루 끝에 거울 속에 있는 나는 머리는 떡 지고 얼굴에는 개기름이 절절 흐르는 모습이다. 내가 판다인지 판다가 나인지도 모를 다크서클에 눈썹 손질은 대체 언제 했었는지 기억도 나지 않는 생활의 연속이다.

하지만 그런 나를 보고도 항상 웃어주는 아이가 있다! 핏기 없이 지친 얼굴로 바라보고 있어도 그런 날 늘 초롱초롱하게 바라봐주는 아이. 우리 엄마가 최고라고 엄마가 가장 예쁘다고, 나는 나중에 엄마가 될 거라고 말해주는 아이가, 이렇게 사랑스러운 아이가 내 곁에 있으니 우린 또다시 하루하루를 엄마로서 살아갈 수 있는 것이다.

힘들지 않은 사랑은 없다. 사랑하니까 버텨내는 것이다. 편안하고 즐거운 육아를 위해 가끔씩은 욕심도, 기대도, 원칙도 내려놓자. 불필요한 일을 최대한 줄이고 아이와 얼굴을 부비고 따뜻하게 안고 함께 노래 부를 수 있는 시간을 늘려보자. 창고 정리는 내년에도 할 수 있지만 내 아이의 지금 모습은 이 순간이 아니면 볼 수가 없다.

아이가 낮잠을 자는 사이 뜨끈뜨끈한 폼 나는 규돈을 만들어 먹고도 시간이 남았다면, 오늘은 가장 좋아하는 노래를 틀고는 아이가 잠자는 모습을 가만히 바라보고 있는 것도 좋겠다.

아무것도 하지 말고 선물 같은 그 순간을 즐기는 날이 있었으면 좋겠다. 엄마가 행복해진 그 하루는 아이에게도 최고의 하루가 될 것이 분명하니까 말이다.

엄마의 수고를 덜어주는
시판 소스 잘 고르는 법

- 라벨에 있는 식품 첨가물을 꼼꼼히 보고 같은 양념장이라도 첨가물이 적게 들어간 것을 선택하자.

- 원재료의 함량도 소스마다 다르다. 즉 식품 첨가물은 적게, 원재료 함량은 많은 것을 고르는 것이 간편하면서도 건강한 소스를 활용하는 지혜다.

또한 아이 음식에 케첩, 마요네즈, 굴 소스 등의 시판 소스를 사용하려면 최소한 24개월이 지난 후가 적당하며 이때도 음식에 두 가지 이상의 시판 소스를 함께 사용하는 건 피하는 것이 좋다. 왜냐하면 미각이 발달할 시기에 시판 소스에 지나치게 노출되면 미각 발달에 혼동을 줄 수 있다. 괜찮은 시판 소스를 골랐다면 이제 그 소스를 이용해서 간단한 한 끼 식사를 만들어보자. 부담 없이!

둘째가

태어난

뒤

〈러블리 미역국 수제비〉

"난 상상이 안 돼, 세상에 우리 정환이만큼 사랑스러운 아이가 또 있을 수 있을까?"

둘째 아이 출산일이 다가올 때쯤 세상 온갖 예쁜 짓은 다하던 첫째 아이를 바라보다가 남편에게 물었었다. 남편은 대답 없이 그저 웃었다. 그때 첫째는 우리 둘의 전부였고 우주였다. 그 아이가 33개월쯤 되던 때였다. 제법 어른 흉내를 내는 말투로 대화가 가능해지고 어떻게 하면 사랑받는지도 알아갈 때 즈음이었던 것 같다. 종일 물고 빨아도 부족했고 이 아이를 내 품에 꼭 안고 있으면 이 세상 겁

날 것도 부러운 것도 없던 시절이었다. 이 세상에 이 아이 같은 내 새끼가 또 나온다는 게 상상이 되지 않던 시절, 나는 내 모성애를 두 명에게 나누어주는 게 가능할까란 의구심이 하루에도 몇 번씩 스쳤다. 오죽하면 뱃속에 있는 둘째에게 '너는 진짜 예쁜 짓 많이 해야겠다. 오빠처럼 사랑받으려면'이라고 나도 모르게 으름장도 놓았을까. 그렇게 시간이 흘렀고 눈이 소복소복 내리던 12월의 어느 날 둘째가 나에게 내려왔다.

조리원을 예약할 때 얼마나 고민을 했는지 모른다. 큰아이가 나 없이 2주 동안 괜찮을까, 보고 싶다고 울고 보채지 않을까, 나는 그 아이가 눈에 밟혀 조리원에 있을 수 있을까, 그냥 일주일만 있을까, 아님 조리원 말고 큰아이와 함께 친정에 있을까……

그랬던 내가 조리원에 혼자 있던 첫날, 천국을 경험했다. 그동안 육아와 살림에 지쳐 있던 나에게 뜨끈한 밥도 해주고 청소도 해주는 것이 아닌가. 그곳에서만큼은 빨래나 설거지조차 내 몫이 아니었다. 혼자 느긋하게 식지 않은 밥을 먹고 밤늦도록 텔레비전을 볼 수 있었다. 이런 호사가 또 있을까 싶어 하루하루 지나는 게 아까울 정도였다. 그

러다가 삼사일쯤 지났을 때 큰아이가 나를 보러 조리원에
왔다. 일부러 큰아이 면회가 가능한 곳을 선택한 것도 이
순간을 위해서였다. 며칠 만에 본 큰아이는 훌쩍 더 큰 것
같았고 내 품에 안고 있으니 마음이 놓였다. 헤어지는 엘리
베이터에서 세 돌이 되지 않은 고 어린 것이 뭘 안다고 입
술을 꾹 깨물고 눈물을 참는 모습을 보고는 방으로 와 한
참을 울기도 했다. 그런데 큰아이가 조리원에 올 때마다 둘
째와 함께 있는 것도 눈치 보이는 건 기본이고, 업어 달라,
안아 달라 요구를 들어주자니 발목과 팔목이 시큰거렸다.

그렇게 조리를 마치고 집으로 돌아왔다. 집에는 나만 바
라보는 아이가 하나가 아니라 둘이 되었다.

'좋아! 청소는 대충하고 반찬은 시켜먹자. 사먹는 국과
반찬에 시들해질 때쯤 친정엄마께 부탁을 드려야지. 친정
엄마가 지치실 때쯤 다시 국과 반찬을 시켜 먹기도 하며
융통성 있게 보내면 되지.'

2011년 12월. 큰아이는 34개월이었고 어린이집은 그 이
듬해 3월 입소 예정이었다. 꼬박 백 일을 두 아이와 이 집

에서 외출도 못 하고 지지고 볶아야 했지만 난 육아가 적성이라고 생각했고 까짓것 내 새끼인데 설마 내가 못 볼까 자신감도 있었다. 집에 온 첫날 아침도 모든 게 평온했다. 신랑은 나와 아기가 깰까 조용히 출근을 했고 둘째는 내 품에서 쌔근쌔근 자고 있었다. 살짝 찬 공기는 상쾌했고 시간은 한참 지났는지 햇살은 눈이 부셨다. 근데 정환이는, 정환이는 어디 있는 거지? 나는 고개를 돌려 주변을 살폈다.

그때 정환이의 모습이 수년이 지난 지금도 너무 가슴 아픈 모습으로 뇌리에 박혀 있다. 정환이는 침대 아래에서 무릎을 꿇고는 소리도 못 내고 눈물만 주룩주룩 흘리고 있었다. 침대에서 다른 아이를 품에 안고 잠들어 있는 나를 보고는.

나는 철렁했다. 얼른 침대 아래로 내려와 정환이를 꼭 안았다. 그리고는 계속 읊조렸다.

"미안해. 미안해. 엄마가 정말 미안해."

그제야 정환이는 목 놓아 소리 내어 엉엉 울기 시작했다. 그렇게 둘이 부둥켜안고 한참을 울었다. 흔히들 말한다. 동생을 본 첫째아이의 기분은 남편이 첩을 데려와서는 '나는 너도 사랑하고 이 여자도 사랑해. 그러니 우리 같이 살자. 사이좋게 지내렴'이라고 말하는 것과 같다고.

태어나서 한 번도 나눠 가진 적 없는 엄마와 아빠를 처음 보는 낯선 아이와 나누는 기분을 감히 내가 상상을 할 수 있을까?

얼마나 막막하고 또 얼마나 엄마가, 동생이 원망스러울까. 혹시 자기는 이 집에서 혼자라고 느끼지 않을까? 예전처럼 내가 온전히 사랑을 받기 위해서는 무엇을 해야 하나 고민도 했겠지… 아마도 이 아이는 수십 가지의 생각을 하며 불안감을 주체하지 못하고 울었을 것이다.

그렇게 엉엉 울던 아이가 내 품에서 기분이 조금 나아졌는지 작은 두 손으로 내 볼을 감싸고는 말했다.

"내가 배가 고플 때 이제 누구한테 말해야 하지?"

"당연히 엄마지! 우리 아들 배고파? 밥 먹자! 엄마가 맛있는 거 해줄게."

손을 잡고 일어나 부엌으로 가 냉장고를 열었다. 몇 주간 안주인 없던 집 냉장고에 먹을 만한 게 있을 리 없었다. 친정엄마가 한솥 끓여두신 미역국이 보였다.

"우리 미역국 수제비 해먹을까?"

수제비는 알려진 것과 같이 쌀과 보리와 같은 곡식이 떨어지면 밀가루 반죽이나 메밀가루 반죽을 뜯어 넣고 다양한 야채들과 함께 끓여 먹던 정겨운 음식이다. 반죽을 뜯어 넣는 조리법에서 미루어 짐작해 알 수 있듯이 수제비라는 말은 손을 뜻하는 한자 수手와 접는다는 의미의 '접'이 합쳐져 '수접이'라 부른데서 나왔다고 알려져 있다. 지금은 우중충한 날이나 비가 오고 스산한 날 많은 사람들이 찾는 음식이 되었지만 그 옛날에는 늦더위가 물러가는 마지막 고비인 칠석이 지나면 밀가루 음식이 맛이 없어진다고 하여 여름철 별미로 즐겨 먹던 음식이었다.

미역국 수제비는 우리가 알고 있는 수제비와는 모양새가 다르다. 찹쌀가루로 동글동글 새알심을 만들어 미역국에 넣고 끓인 경상북도 지방의 향토 음식으로 찹쌀 수제비가 정식 명칭이다. 하지만 이날 나는 찹쌀가루를 익반죽하여 새알 만드는 것이 영 거추장스러웠
다. 경상북도에서는 들깻가루를 넣기도 하
는데 아이와의 요리에서는 그것도 생략했다.
온전히 우리 아들 입맛에 맞는 그런 음식을 해주고 싶었
다. 아들 얼굴에 미소가 번지고 마음을 위로해줄 수 있는
그런 음식 말이다.

  그 당시 아주 진한 미역국이 준비되어 있었으니 따로 육
수를 낼 필요도 없었다. 아마도 출산을 하고 조리를 한 엄
마들의 냉장고 안엔 친정엄마나 시어머니가 끓여주신 미
역국이 냉장고 한편에 한가득 자리하고 있을 것이다. 밀가
루에 물을 넣어 대충 섞어 반죽했다. 이때 완성된 수제비
반죽은 반드시 냉장고에서 잠시 휴지시켜야 훨씬 더 쫀득
쫀득한 식감을 낼 수 있다. 아들은 막 눈물을 삼켜 빨개진
두 눈으로, 하지만 엄마와 무언가를 함께한다는 기대감으
로 가득 찬 그 두 눈으로 나를 바라봤다.

  커다란 접시 위에 조물조물 반죽을 뜯어 올리는 것도 아
이의 몫이었다. 그 작은 손으로 참 야무지게도 만들어냈다.
보글보글 구수하게 끓는 미역국에 반죽을 넣었다. 하나하
나 조심조심. 조금 크고, 조금 작고, 조금 두껍고 얇은 것쯤

은 우리에게 문제가 되지 않았다.

"와, 우리 정환이가 만든 미역국 수제비 정말 냄새 좋다.
너무 맛있어 보여."

"엄마, 난 미역국 냄새 말고 엄마 냄새가 제일 좋아. 엄
마 냄새 맡으면 난 다시 동생이 없던 때로 돌아가는 것 같
으니까."

정환이는 손등으로 눈을 비비며 수제비를 먹었다. 그리
고 너무너무 맛있다며 나를 보고 웃어주었다. 그것은 마치
엄마의 사랑을 받으려면 이제는 나도 노력이란 걸 해야 하
는구나를 깨달은 것 같은 먹먹한 모습이었다. 그 모습을
보고 있노라니 나도 코끝이 찡해졌지만 웃고 있는 아들 앞
에서 또다시 울기는 싫었다. 시큰시큰거리며 먹었던 미역
국 수제비. 그때 나는 결심했었다. 엄마는 앞으로 너의 모
든 것을 이해하도록 노력할게. 너는 내 아들이니까. 엄마
가 정말 최선을 다할게.

아이를 출산하고 나면 한동안 엄마는 몸과 마음이 지친

다. 첫아이 때에는 아기가 잘 때 함께 자고 나 혼자 먹는 음식이니 몸이 힘들거나 귀찮으면 한 끼는 간단하게 때우기도 했다. 하지만 다둥이 맘이라면 그 이야기는 달라진다. 낮 시간 둘째가 자는 동안은 큰아이와 놀아주어야 하고 내 몸이 힘들어도 세 끼 밥은 꼬박꼬박 제대로 차려 먹여야 한다. 몸만 힘든 것이 아니다. 이 아이도 칭얼칭얼 저 아이도 칭얼칭얼 어느 누구에게도 온전히 만족스러운 사랑을 주고 있지 않다는 죄책감에 빠지기도 하고 조금이라도 큰아이가 예전과 다른 행동을 보이면 온전히 나 때문에 아이가 마음의 병이 생긴 것 같은 죄책감에 휩싸인다.

그 당시 나는 두 아이가 나에게 왔다는 감동보다는 하루하루가 혼란의 연속이었다. 그렇게 6개월이 지났다. 그동안의 내 모습을 우리 신랑은 이렇게 기억한다.

"넌 마치 다중이 같았어."

잠자는 동생을 깨웠다고 큰아이를 야단쳤다가 두 아이가 잘 놀고 있는 모습을 보면 정말정말 착하다고 호들갑을 떨며 칭찬을 해주는 모습이 하루에도 대여섯 번씩 반복되었다. 그런 다중이 엄마 밑에서 아이는 잘 견뎌주었고 6개월이 지나자 동생을 가족으로 받아들이는 듯했다. 그리고 1년이 지나 둘째아이가 걷기 시작하자 제법 둘이 잘 놀았고, 둘째아이가 36개월이 다 되어가는 지금 이 둘은 세상에서 둘도 없는 베스트프렌드가 되었다.

그 시간 정말 우리 가족 모두 많은 노력을 했던 것 같다. 마음이 진흙탕이 될 때마다 끊임없이 육아서들을 읽으며 위로를 받고 해답을 찾으려고 노력했던 나와, 퇴근하면 정환일 가장 먼저 안아주고 큰아이가 보지 않을 때만 동생을 안아주며 허술한 살림을 이해해주던 의리로 뭉친 아빠, 그리고 동생을 받아들이기 위해 마음을 열고 시행착오를 겪으며 많은 노력을 했을 큰아이, 태어나자마자 오빠의 시기와 질투를 한 몸에 받으며 엄마가 맘껏 돌봐주지 못했던 둘째. 우린 모두 힘든 시간을 그렇게 지나왔다.

고통과 좌절을 경험하는 건 결코 우리가 선택할 수 있는 일이 아니다. 하지만 그런 고통과 좌절을 겪은 뒤 우리는 그 일로 인해 우울함에 빠져 살든지 아니면 조금이라도 나아지기 위해 원래 궤도로 돌아오려고 노력하든지 둘 중에 하나를 선택해야 한다. 그것은 아이에게도 엄마에게도 모두 해당되는 이야기이다. 아이가 좌절하고 고통에 빠졌을 때 엄마가 해줄 수 있는 일은 타이거 마미와 같은 엄한 훈육이나 잔소리는 아마도 아닐 것이다.

이 글을 읽는 누구라도 하루아침에 100점짜리 엄마가 될 수 있는 사람은 아무도 없다. 나는 처음 두 아이가 나에게 왔던 그 순간을 기억하며 조금씩 괜찮은 엄마가 되기 위해 노력하고 있다.

아이도 마찬가지이다. 한 번의 훈육으로 교과서에 나오는 철수와 영희처럼 바른생활 아이가 될 수는 없지 않는가. 아이에게도 나에게도 시간이 필요하다. 그런 조각의 시간들이 필요할 때 앞에서 뒷짐 지고 서 있기보다 아이와 사소하지만 진심을 담은 시간을 가져보자. 손을 잡고 산책을 가던지, 아이가 타는 자전거를 밀어주던지 아이에게 팔베개를 해주며 귓속말을 속삭여주던지, 아니면 그날의 나처럼 아이와 함께 요리를 해보는 것은 어떨까?

아이와 함께 맛있는 요리를 만들고 즐기는 일에 결과물은 크게 중요하지 않다. 그 시간을 함께했다는 그 과정이, 또 그 하루가 엄마와 아이 모두에게 예쁘게 기억될 것이다.

집에서 요리가 부담스러운 엄마들을 위한
키즈 쿠킹 클래스

〈빕스〉 야탑점

전국 빕스 매장 중 유일하게 키즈 쿠킹 클래스가 진행되고 있다. CJ에서 출시되는 다양한 시판 제품들을 활용하여 간단하지만 맛이 보장되는 요리 수업으로 인기를 얻고 있으며, 현재는 시판 믹스를 이용한 쿠키와 피자, 브라우니 중 한 가지를 선택하여 만드는 요리 수업이 진행 중이다. 아이가 요리하는 모습을 엄마가 볼 수 있어 안심하고 식사할 수 있다는 장점이 있다(2016년 6월 기준).

시간 : 평일 2회 (12시, 17시) / 주말 3회 (11시, 14시, 17시) (선착순 마감)
참가비 : 5900원 (샐러드바 미포함)
참가 연령 : 미취학 아동과 초등학생
문의 : 031-783-8897

〈큐원〉 홈메이드 플라자

부모가 함께 참여할 수 있는 수업으로 쿠키, 케이크 등 다양한 베이킹을 경험함으로써 아이에게 창의력을 길러주고 부모와 친밀감을 높여주는 활동이 진행된다. 1일 수업을 들으면 어린이 요리박사 수료증도 발급되어 아이들이 성취감을 맛볼 수 있다.

시간 : 연 3회 (봄방학, 여름방학, 어린이날)
참가 연령 : 만 5~9세 (아동 1인과 보호자 1인으로 2인 1조 진행)

참가비 : 1만 원

문의 : 02-740-7114 (or 큐원 홈페이지)

〈엉클폴 키친〉 & 〈알로하조앤〉

다양한 유기농 재료를 활용한 멋들어진 동서양 메뉴의 쿠킹 클래스가 진행된다. 영어로 쓰인 레시피를 활용하여 요리 관련 영어 단어를 배울 수 있으며, 요리를 완성한 뒤 스티커와 그림 등으로 자신이 만든 요리를 표현해볼 수 있다. 초등학생은 엉클 폴과 4세~7세 유아는 조앤 선생님과 총 1시간~1시간 30분간 진행된다. 테마에 따라 드로잉 카드 활동이나 요리 동화 수업도 있으며 생일파티도 진행할 수 있다.

참가 연령 : 4~7세, 초등학생

참가비 : 4~6만 원 (재료비 포함)

문의 : blog.naver.com/hohohopaul

〈봉봉 키즈〉

아이들의 상상력을 이끌어내는 다양하고 재미있는 모양의 쿠키와 빵을 만들 수 있는 베이킹 키즈 카페로 전국에 체인점을 두고 있다. 무색소, 무향료, 무보존료를 원칙으로 하는 건강한 베이킹 클래스 외에도 아트, 뮤직, 사이언스 클래스도 운영한다. 스케줄과 메뉴는 지점마다 차이가 있으니 집에서 가까운 지점을 선택해 문의하면 된다.

참가 연령 : 3세~10세

참가비 : 1만 2천 원 (10회 이용권은 10만 원)

문의 : http://www.bonbonkiz.co.kr

처음

어린이집 보내던 날을

기억해

〈희로애락 레몬치킨 샌드위치〉

예전의 나는 무언가에 열광하거나 또 쫓겨본 적이 없는, 그러니까 마냥 평범하고 평온한 삶을 좋아했고 지향했다. 그러나 나와 어울릴 것 같지 않은 피곤한 삶이 첫 아이가 태어나던 해부터 시작되었다.

첫아이가 태어나자마자 조리원에서 컴퓨터를 켜고 내가 한 일은 보육 포털 사이트에 접속하여 첫아이 이름을 구립 어린이집에 대기자로 올리는 것이었다. 그것은 둘째 때도 마찬가지였다. 친정엄마와 신랑은 유난을 떤다고 했지만, 내가 좋아하는 내 일을 그만둘 의사가 전혀 없었다. 내 아이가 소중한 만큼 내 일도 소중했으니까.

엄마라는 타이틀은 너무 감사했지만 한 여자로서 꿈 따 위는 다 집어던지고 전업주부로만 살게 될까 봐 조바심이 나고 초조했다. 시댁에서는 아이를 봐주실 만한 상황이 아 니었고, 그렇다고 딸 둔 죄인으로 친정엄마에게 종일 손자 를 업고 지내게 할 수는 없는 노릇이었다. 일대일로 집에 서 아이를 봐주는 베이비시터에 대한 부정적인 보도가 하 루가 멀다 하고 나오던 터라, 그것도 썩 내키진 않았다. 그 렇다면 믿을 곳이라곤 어린이집뿐이다.

눈에 넣어도 안 아플 내 아이를 아무 어린이집에나 맡길 수는 없었다. 종종 텔레비전에서 어린이집 아동학대 사고 가 보도되는 이 마당에 그래도 같은 값이면 좋은 평을 받 고 있고 믿을 만한 곳으로 보내고 싶은 마음은 엄마라면 모두 같을 것이다. 그런데 이렇게 평가가 좋은 몇몇 곳으 로 아이들이 몰리다보니 인기 있는 어린이집은 대기자가 기백에서 기천까지 넘나든다. 이런 현실이다보니 아이를 출산하자마자 어린이집 대기자에 이름을 올리는 일이 엄 마들에게 유난만은 아니다.

나는 그 당시 내가 살던 동네 근처 세 군데, 시댁 근처 세 군데 그리고 친정 근처 세 군데, 골고루 배분하여 대기자

명단에 이름을 올렸었다.

큰아이가 27개월 되던 때 집에서 가까운 민간 어린이집에서 연락이 왔다. 둘째 출산을 앞둔 시점이기도 했고 다들 "어린이집을 보내려면 동생이 태어나기 전에 보내고 적응까지 끝내야 한다"고 조언해 고민이 많았다. 이유인즉 동생이 태어난 뒤에는 엄마가 주위의 도움 없이는 아이의 어린이집 적응기간을 함께하기도 힘들뿐더러, 어린이집에 가는 것을 엄마에게 내쳐진다고 생각하는 아이가 많기 때문이라는 이유여서 일리가 있다고 생각해 주변 선배맘들의 말을 듣기로 했다.

서둘러 아이를 입소시켰고 처음 일주일은 나와 함께 등원하여 1시간씩 보내다 왔다. 처음 하루이틀은 놀거리가 많은 환경에 신나 하더니 삼 일째 되던 날부터는 뭔가 불길한 기운을 느낀 건지 내 무릎에 앉아 아무것도 안 하고 아무것도 먹지 않았다. 그리고 2주째 되던 날 선생님의 권유에 따라 아이만 어린이집에 두고 1시간 후에 데리러 가기로 했다. 그런데 차마 발길이 떨어지지 않았다. 어린이집 밖에 세워둔 자동차 안에 앉아 있는데 내 아이가 우는 목소리가 너무도 선명하게 들렸다.

"엄마 어디 있어, 엄마한테 갈 거야. 우리 엄마 불러죠."

그 우는 소리를 듣고 있는데 그런 잔인한 고문은 또 없을 만큼 괴로웠다. 몇 번을 아이를 데리러 가려고 차 밖으로 내렸다가 다시 탔다가를 반복했다. 결국 첫날 나는 한 시간을 채우지 못하고 정확히 40분 만에 아이를 데리러 갔다. 고작 고 시간 동안 목이 다 쉬고 눈이 팅팅 부은 채 내 목을 감싸고 어깨에 얼굴을 묻는 아이를 안고는 걸어 나왔다. 며칠 뒤 결국 그 원을 보내지 못했다. 내가 고생을 좀 더 했으면 했지, 아이를 힘들게 하면서까지 원에 보낼 절박함이 나에게는 없었다.

그리고 둘째를 출산하고 첫째가 36개월이 되던 어느 날 구립 어린이집에서 전화가 왔다. 그때의 난 정확히 세 가지 이유 때문에 이번에는 기필코 아이를 잘 적응시키리라 마음먹었다.

첫 번째 이유는 12월 한겨울에 태어난 동생 덕분에 두 달이 다 되도록 큰아이는 엄마와 야외활동을 한 적이 하루도 없었다. 가끔 이모가 놀러오거나 주말에 아빠와 외출을 했지만 아무도 찾아오지 않는 날은 4~5일을 집안에서만 지낼 수밖에 없었다.

두 번째 이유는 또래 친구가 필요했다. 네 살이 된 첫째
는 종일 울어대는 동생과 예민해질 대로 예민해진 엄마와
지내는 것에 지쳐갔다. 짜증도 심해지고 떼도 쓰기 시작했
다. 또래 친구들과 놀이를 통해 감정을 정화할 필요가 있
어 보였다.

세 번째 이유는 내가 살기 위해서였다. 밤에는 수유하랴,
낮에는 첫째를 케어하랴 도무지 2시간 이상 잠을 잔 적이
없었다. 게다가 종일 놀아줘, 책 읽어줘, 이거 꺼내줘, 저거
그려줘 하는 통에 체력이 바닥이 났었다. 무엇보다 하루
에 20시간 이상 자야 하는 둘째가 거의 잠을 자지 못해 너
무 힘들어 했다. 잠이 들려 하면 오빠가 침대로 올라와 춤
을 추고 노래했다.

'아이가 자고 있어요. 초인종을 누르지 말아주세요'라고
써 붙이고 발뒤꿈치를 들고 다니는 다른 집들과는 달리 우
리는 매일이 파티 날처럼 시끌벅적했다.

큰아이가 어린이집을 가는 것이 우리 셋이 살 길이라는
생각이 확고해졌다. 정환이는 역시 이번에도 적응기간 내
내 우렁차게 울어댔고 돌아서는 나의 마음도 역시 아파왔

다. 하지만 두 번째 겪는 일이라 그런지, 마음을 단단히 먹어서 그런지 어린이집을 떠나 집으로 발길을 돌리는 데는 성공했다. 하지만 집에서도 둘째를 안고는 어린이집 IPTV에서 눈을 뗄 수가 없었다. 별의별 게 다 눈에 걸렸다. 왜 우리 애 밥을 제일 늦게 주지? 어! 정환이 쉬 마려운 것 같은데 선생님께 왜 말을 못하지? 정환이가 왜 노래를 안 따라하지? 등등.

정환이도 그동안 집에만 있던 게 지루했던지 예상보다는 하루하루 잘 적응해주었고, 3년차가 된 지금은 그 누구보다도 신나고 즐겁게 원 생활을 하고 있다.

나는 일주일에 평균 2~3일 정도는 강의나 촬영을 진행하고, 나머지 2~3일은 가사일과 자기 관리를 비교적 공평하게 하려고 노력한다. 두 아이를 다 어린이집에 보내던 첫날을 아직 선명하게 기억한다. 텅 빈 집에 나 혼자 조용히 있는 것이 왜 그리 어색하던지, 앉지도 서지도 못하겠고 금방이라도 애들이 엄마를 부를 것 같은 기분이 들었다. 만세 삼창이라도 할 것 같았는데 막상 그날이 오자 허전할 대로 허전했다. 무얼 하지 무얼 할까 고민하다가 무작정 외출을 했다. 가방에 핸드폰과 지갑을 넣었다. 뭔가 이상하다. 처넛적 나는 빅백에 항상 무언가를 잔뜩 넣고 짊어지고 다녔었다. 그 후 아이를 낳고 나서도 마찬가지였다. 아이들과 다니면 물티슈에 여벌옷에 간식에 물까지 외출 때마다 짐이 한가득이었다.

그런데 두 아이가 어린이집에 간 지금은? 내 외출에 필요한 것이 너무나도 간소해졌다. 기분도 따라 가뿐해졌다. 하지만 막상 집을 나서니 혼자 어디를 가야 할지 막막했다. 학생 때는 친구랑 다녔고, 결혼하고 나서는 남편과 다녔고, 아이를 낳고 나서는 모든 곳에 아이와 함께였다. 결국 제일 만만한 집 근처 카페로 향했다. 습관적으로 아이들과 함께 차를 마시러 가면 항상 차가운 음료를 주문했다. 혹시나 아이들이 데일까 봐.

하지만 그날은 당당하게 따뜻한 아메리카노를 주문하고 함께 먹을 치킨 샌드위치도 주문했다. 만 5년만의 자유를 누리는 나에게 최고의 순간이었다. 샌드위치를 한입 베어 무니 레몬 향과 고소한 닭고기가 썩 잘 어울렸다. 그동안 밥을 입으로 먹는지 코로 먹는지도 모르게 배만 채우며 정신없이 살았던 것 같다.

트럼프 놀이에 빠져 밥 먹는 시간도 나지 않아 빵 사이에 육류와 채소를 끼워 넣고 우적우적 먹었을 영국의 존 몬태규 샌드위치 백작의 이름을 딴 샌드위치. 샌드위치 백작도 지금 엄마들의 모습과 비슷하지 않았을까? 한 장 한 장 카드를 뒤집을 때마다 조마조마함, 어느 순간에는 웃고 어느 순간에는 가슴 아프고, 이 게임이 어떻게 끝이 날지 끝날 때까지 긴장을 놓을 수 없었겠지?

육아를 하는 순간순간 답이 없는 것 같고 앞으로 어떻게 해야 할지, 끝은 있는지, 긴장과 기대와 후회의 연속일 것이다. 물론 카드가 희로애락이었을 샌드위치와는 달리 우리에게 희로애락은 우리 아이들이라는 차이가 있지만 말이다.

샌드위치 백작이 빠져 있었던 트럼프 게임의 목적은 플레이어가 가지고 있는 카드를 모두 버리는 것이다. 내 것을 다 내려놓아야 이기는 게임이다. 밑 카드의 무늬나 숫자가 같은 카드를 내면 되는 것이다.

그동안 집에서 아이와 단 둘이 하루하루를 보낸 우리들도 멋진 플레이 중이라고 스스로를 응원해보자. 어리석은 플레이어는 대충 카드를 내려놓기에만 바쁘겠지만 현명한 플레이어는 한 장 한 장의 카드를 공들여 내려놓는다. 그들은 승부는 한번 결정 나면 되돌릴 수 없다는 것을 알기 때문이다. 하나하나 아이와 같은 마음으로 내 마음을 맞춰가며 내 야망도 내려놓고 내 고상함도 내려놓고 나의 자유나 휴식들도 모두 내려놓는 게임.

두 아이가 모두 어린이집에 간 지금, 나에게 이 순간은 일단 모든 카드를 내려놓은 것 같은 안도의 숨 고르기 타임이다. 한 게임이 끝나면 또 다른 게임이 진행되는 것처럼 한고비 넘으면 또 한고비가 다가오는 게 육아지만 우린 '그냥 여자'가 아닌 '엄마 여자'니까 그 역시 현명하게 잘 넘길 것이라고 그렇게 스스로를 믿자.

처음 내 아이를 어린이집을 보낼 때 모든 엄마의 마음은 짠하다. 피치 못할 사정에 의해 100일만에 어린이집에 보내야 하든, 또래 친구가 필요해 48개월이 되어서 보내든 그 첫 마음, 염려스럽고 미안하기도 한 그 마음은 아마도 비슷할 것이다. 이 아이를 내가 감당하지 못하는 것 같고, 엄마로서 자격이 없는 것 같은 자괴감에 빠지기도 한다.

개인적으로 나 역시 수많은 육아서에서 강조하듯이 사정이 급하지 않다면 되도록 아이가 의사소통이 자유로워진 후에 원 생활을 시작하는 것을 추천하지만 대다수의 엄마들은 자기의 금쪽같은 아이들을 원에 맡길 때에는 세상 누구보다 많이 고민하고 망설였으리라!

그러므로 어떤 결정이든 괜찮다고 말해주고 싶다. 대신 떨어져 있는 그 시간 동안 충전하고 힐링받아 더 열정적으로 아이를 위해 생활할 수 있다면 마라톤과 같은 육아의 긴 여정을 바라보았을 때 엄마에게 그 시간은 쓰지만 좋은 약이 될 것이다.

등원하는 아이를 위한
간단한 아침 메뉴 (Serving Size : 2인분)

데리야끼 덮밥

재료

닭가슴살 1조각, 밥 2공기, 소금, 후추 약간, 다진 마늘 1큰술, 식용유 1큰술,
마요네즈 2작은술

양념

양조간장 1과 1/2큰술, 맛술 1큰술, 물 1큰술, 올리고당 1과 1/2큰술

1. 닭가슴살은 먹기 좋게 잘라 소금, 후추, 다진 마늘로 밑간한다.

2. 양념장은 분량대로 섞는다.

3. 달군 팬에 식용유를 두른 뒤 닭가슴살을 노릇하게 구워 따뜻한 밥 위에 올린다.

4. 데리야끼 양념장은 분량대로 섞어 〈3〉팬에 부어 1분간 중불로 바글바글 끓인다.

5. 닭가슴살을 올린 밥 위에 데리야끼 양념장을 적당히 붓고 마요네즈를 1작은술 넣고 비
   벼 완성한다.

달걀덮밥

재료

양파 1/2개, 달걀 2개, 식용유 1큰술, 밥 2공기, 참기름 2작은술

양념

양조간장 1큰술, 올리고당 1큰술, 맛술 1큰술, 후춧가루 약간

1. 양파는 채 썬다 (양파를 싫어하는 아이라면 잘게 다져 달걀 물에 섞어 조리해도 좋다).

2. 양념은 작은 볼에 섞어둔다.

3. 달군 팬에 식용유를 두른 뒤 달걀 물을 넣고 스크램블 에그로 익혀 밥 위에 올린다.

4. 〈3〉팬에 양파를 넣고 1분간 볶다가 양념을 넣고 중불에서 2분간 볶는다.

5. 밥 위에 〈4〉 양파 졸임을 올리고 참기름을 1작은술씩 뿌려 완성한다.

두부 덮밥

재료
생식 두부 2팩, 버터 1큰술, 밥 2공기
양념
양조간장 1큰술, 통깨 2작은술, 참기름 2작은술

1. 양념장은 분량대로 섞는다.

2. 뜨거운 밥에 버터와 두부 한 팩, 양념장을 넣고 고루 비벼 완성한다.

tip. 버터가 잘 녹지 않는다면 전자레인지에 30초~1분 돌린다.

멸치볶음밥

재료
밥 2공기, 잔멸치 1/2컵(종이컵 기준), 다진 마늘 1큰술, 식용유 1큰술, 버터 1
큰술, 통깨 약간, 후춧가루 약간
양념
양조간장 2작은술, 맛술 1큰술

1. 달군 팬에 식용유를 두른 뒤 약불에서 다진 마늘과 잔멸치를 1분간 볶아 비린내를 날리
고 마늘향을 낸다.

2. 양념은 분량대로 섞어 둔다.

3. 따뜻한 밥과 양념, 버터를 함께 넣고 볶는다.

4. 통깨와 후춧가루를 뿌려 완성한다.

토닥토닥

위로가

필요해

〈궁디 팡팡 간장 떡볶이〉

"아이고 예쁜 내 새끼들."

그런 날이 있다.

두 아이와 함께하는 하루가 가슴 벅차도록 너무 행복하
게만 느껴지는 날. 두 녀석 미소 한 번에 고단함도 피곤함
도 다 별거 아닌 듯 삼켜버릴 만한 그런 날. 하지만 그와는
완전히 반대인 날도 있다. 머리끝까지 난 화를 꾹꾹 눌러
야 하는 날, 내 마음 같지 않은 아이들을 보며 속을 끓이는
날도 있다. 그러다가 또 크고 작은 기쁨과 노곤함을 엄살
한번 부리지 않고 소화한 뒤에는 스스로에게 얼마나 뿌듯

하고 감사한지 모른다.

그러나 엄마들은 지나고 보면 별것 아닌 일로 아이에게 짜증을 내고는 마음이 썩 편치 않을 날이 더 많다.

"엄마가 몇 번을 말해! 엄마 늦었다고 빨리 준비하랬잖아!"

아침 강의가 있는 날 특히 더 그렇다. 시간에 쫓기는 나는 수업에 사용할 식재료들을 냉장고에서 꺼내 가방에 옮겨 담으며 입으로 끊임없이 아이들에게 잔소리를 했다.

"아우 빨리빨리. 신발은 뭐 신을 건데? 가방은 챙겼어? 카디건은 안 입을 거니? 엄마가 꼭 챙겨야 입니? 빨리 엘리베이터 타! 5.4.3.2.1."

카운트를 하기 시작하자 운동화도 채 신지 못한 아이들이 종종걸음으로 엘리베이터에 올라탄다. 문이 닫히면 그제야 나는 크게 숨을 몰아쉰다. 등원하는 차 안에서 두 아이가 조용하다. 백미러로 살펴보니 아들은 운동화를 고쳐 신고 딸은 가방을 고쳐 메고 있었다.

정신없는 하루가 지나고 오늘도 어김없이 저녁이 찾아왔다. 거실 책장에서 이런저런 자료를 보다가 우연히 아이들에게 쓰던 일기장을 발견했다. 마지막으로 쓴 것이 2013년. 뭐가 바빴는지 아님 이제 스스로에게 격려하는 행위가 필요하지 않았는지 2년 동안 펼쳐 보지 못한 노트였다.

그중 2011년 2월.

24개월이 된 큰아이에게 쓴 일기가 눈에 들어온다.

우리 정환이는 잘하는 게 참 많은 아이란다.

사자 흉내잘 내는 우리 정환이, 블록 쌓기를 잘하는 정환이, 까치발 들고 춤 잘 추는 정환이…….

정환이의 칭찬리스트가 한 페이지 빼곡하게 채워져 있었다. 그것도 모자라 '정환이 잘하는 거 쓰려면 밤새야겠다'라는 마무리까지. 지금 보면 웃음이 나올 정도로 별것 아닌 것들에 나는 감사하고 기특해하고 있었다.

그날의 정환이는 얼마나 행복했을까. 문득 오늘의 정환이에게 미안해졌다.

사실 따지고 보면 오늘 아침에도 아이들은 칭찬받을 만

한 행동을 훨씬 더 많이 했다. 웃으며 일어나 인사했고, 혼자서 세수도 하고 양치도 했다. 차려준 아침밥을 맛있게 먹었고, 옷도 스스로 입고 서로 도와 머리도 빗었다. 아이들은 그렇게 잘하고 있었다. 그런데 아침에는 왜 그게 눈에 들어오지 않는지, 더 해야 하는 것들, 잘 못하는 것들만 눈에 들어와 끊임없이 아이들을 다그치게 된다. 결국 오늘도 난 엄마로 자격미달이었다. 열심히 한다고 하는데 뒤돌아보면 늘 후회가 가득하다.

"난 아이들을 항상 친구 대하듯이 해. 우리가 친구들에게는 내가 기분이 안 좋다고 그렇게 소리 지르거나 윽박지르거나 다그치지 않잖아. 아이도 나랑 똑같은 동갑내기 친구라고 생각해봐."

한 친구가 속상해하는 나에게 아이에게 화내지 않는 작은 팁을 주었다. 많은 육아서에서 읽어 알고 있지만 뜻대로 되지 않는 많은 일들이 있다. 그중 나에게 가장 어려운 일은 감정 조절이다.

내가 피곤할 때는 내 아이들 안아주고 책 읽어주는 것조

차 귀찮고, 내가 짜증이 나거나 화가 난 일들이 있으면 아이들에게 고스란히 "나 지금 기분 나쁘거든?"이라며 티를 내곤 한다. 그러다 기분이 좋아 콧노래가 절로 나오는 날은 이 모습도 저 모습도 예뻐 보여 어쩔 줄 몰라 하는 엄마다. 일관성 있는 엄마가 되자고 마음을 다잡고 산 지도 7년째인데 좀처럼 습관이 되지 않는다.

얼마 전에는 기분이 언짢은 전화를 한통 받고는 씩씩거리며 전화를 끊었는데 눈앞에서 바닥에 그림을 그리는 둘째아이가 보였다. 평소 같으면 한참을 그림 그리는 것을 지켜보다가 어깨가 으쓱해질 만큼 칭찬도 해주고 까짓것 더러워진 바닥 내가 청소하면 되지, 하고 가볍게 넘어갔을 상황이었다.

하지만 그때의 나는 이미 내 나쁜 감정을 고스란히 아이들에게 떠넘기고 있었다.

"이게 뭐니? 엄마가 그림은 종이에 그리라고 했지? 이거 이렇게 그리고 나면 누가 치워? 네가 치울 거니? 엄마가 너 하인이야? 종이야?"

순간 내가 왜 헝클어진 머리에 늘어난 티셔츠를 입고 종일 니들 뒤만 따라다니며 이 짓을 해야 하나 화가 나고 한심했다. 하지만 그것도 잠시 결국 나는 아이의 그렁그렁한 눈을 보고서야 흠칫 놀래서 모든 것을 멈추었다. 그리곤 이 모든 상황이 마음에 들지 않아 방으로 획 들어가버리고 말았다. 그때 아이의 울음소리가 문 넘어 들려왔다.

"엄마는 저번에는 나보고 그림 잘 그린다고 해놓고서는 오늘은 왜 야단쳐!!"

아이의 말에 뜨끔했다.

많은 엄마들이 저지르는 실수가 이런 게 아닐까?

누군가에게 기분 상하고 마음 다친 뒤 샌드백처럼 아이들에게 화풀이하는 것. 너무 위험한 일이고 하면 안 되는 일이지만 나도 모르게 저지르는 일이다. 이로서 오늘도 나는 한심한 빵점 엄마가 돼버렸다.

이런 나도 엄마라고 둘째는 문 닫고 들어가버린 엄마 옆에 조르르 다가서서는 내 목을 끌어안고는 말한다. 그리고 "엄마 내가 잘못했어"라고 먼저 사과를 한다. 36살 먹은 엄

마가 참 못나지는 순간이었다. 나로 인해 상처받은 건 아이일 텐데 오히려 아이가 나를 위로해주다니.

나는 아직도 철없는 엄마다. 거하게 화라도 내고 훌훌 털어버리면 그만인 걸. 속으로 삭히고 삭히다 결국은 엄한 곳에 불똥을 던진다. 그리고는 죄책감에 끝없이 우울해하곤 한다.

우는 아이를 달래 재우고는 거실 소파에 웅크리고 앉아 있자니 문득 강해야만 하는 엄마도 본의 아니게 실수를 하고 우울해지기도 하며 때론 위로받고 싶을 때가 있기도 하지, 라며 스스로 한없이 가라앉는 내 마음을 위로해본다.

진심 어린 위로를 받아본 게 언제인지 어렴풋하다.

나에겐 든든한 안식처가 있었다. 안 좋은 일이 있어 잔뜩 부어 있을 때마다 금세 따끈한 음식을 만들어 주시고는 가만히 내가 먹는 걸 보며 "잘 먹네 우리 지현이" 하며 칭찬해주시던 포근함도 있었다.

내가 무엇 때문에 속이 상한지 왜 그리 화가 났는지 꼬치꼬치 묻지도 않으셨고 그저 곁에서 가만히 안아주시는 것만으로도 실타래처럼 꼬인 마음이 풀어지는 순간이 나에게도 있었다. 그런 따뜻하고 언제나 내 편이던 든든함이 새삼 그리워졌다. 바로 우리 할머니가 말이다.

할머니는 아빠에게는 글씨를 삐뚤게 썼다고 비오는 날 교과서를 밖으로 던지실 만큼 엄한 엄마셨고, 엄마에게는 눈물이 날 만큼 서운한 소리도 하시던 그런 시어머니셨지만, 나에게 할머니는 그냥 할머니였다. 엄마에게 야단을 맞아도 "으이구 내새끼"라며 힘껏 엉덩이를 토닥이며 안아주셨고, 내가 무슨 이야기를 하든 맞장구치시며 진심으로 응원해주셨다.

"산보 나가자"라며 할머니 손을 잡고 산책할 때면 그곳이 어디든 난 따라나섰고, "우리 지현이 누구 강아지?"라고 물으면 "할머니 강아지~"라고 대답하는 게 당연했었다. 그렇게 할머니는 나의 첫 번째 안식처였다.

"이 할머니가 우리 지현이 시집가는 건 볼 수 있을까?"

손잡고 산책을 하다 항상 마지막에 할머니는 이런 말씀을 하셨다.

"당연하지!"

어렸던 나는 자신 있게 대답을 했었지만, 내 결혼이 임박했을 때 할머니는 의식을 잃으셨고 그 상태로 나는 할머니 없이 식을 올렸다. 신혼여행을 다녀온 뒤 할머니는 다행히 의식을 찾으셨고 내 결혼식에 함께하지 못했다는 것을 내내 아쉬워하셨다. 그러나 결국 할머니는 다른 사람 눈치 보지 말고 소신껏 잘 살라는 말만 남기시고는 며칠 뒤 하늘나라로 떠나셨다. 누군가는 그래도 큰손녀인 네가 결혼하는 걸 보려고 그리 잠시 왔다 가셨던 것 같다고, 할머니는 마지막까지 나를 그렇게 지켜주셨던 것 같다. 그렇게 나는 나의 커다란 안식처도 함께 잃었다.

할머니의 모든 요리는 참 고소했다. 이제와 생각해보면 아마 참기름을 넉넉하게 요리마다 넣으셨던 것 같다. 비빔밥에도 참기름을, 볶음밥에도 참기름을, 그리고 떡볶이를 만드실 때도 항상 온 집에 고소한 냄새가 진동할 만큼 참기름을 넣으셨다. 그 고소함은 얼었던 마음까지도 녹이기에 충분했다.

예전에는 중국인들이 참기름을 등불을 밝히는 데 쓰기도 했다니 그 불빛은 얼마나 따뜻하고 고소했을지 어렴풋이 짐작이 간다. 어렴풋한 기억에 우리 집은 꼬신 냄새가 진동을 하던 골목 한 방앗간에서 초록병에 담긴 참기름을 구입해 사용했었다. 다 커서야 안 사실이지만 참기름에는 볶은 참깨를 사용하는 향이 진한 참기름이 있고, 생 참깨를 저온 압착으로 짜내는 드레싱용 참기름이 있다는데 나에게 참기름은 오로지 전자다. 냄새가 진해서 회상만으로도 코끝에서 그 고소한 냄새가 나는 그것만이 아직도 진짜 참기름 같다.

유치원에 다닐 때쯤이었나? 한번은 친했던 동네 친구와 다투어 속상해 있는 나를 보고 할머니는 곧장 부엌으로 가셨다. 그리고는 말랑한 떡을 끓는 물에 살짝 데쳐 참기름에 재워둔 뒤 바글바글 끓는 간장 양념장에 달콤 짭짤하게 졸여 간장 떡볶이를 만들어 내셨다.

"가서 그 친구한테 같이 떡볶이 먹자고 해."

아랫집에 살던 그 친구도 그 고소한 냄새를 모른 척할 순 없었던지 이내 우린 손을 잡고 함께 울어 퉁퉁 부은 눈으로 히죽히죽 웃으며 떡볶이를 먹었다. 그전에도 분명 먹어본 적이 있는 음식이었을 텐데 나에게는 그날의 간장 떡볶이가 가장 포근한 기억으로 남아 있다.

아이들이 눈을 비비며 달려와 안긴다.

"엄~마~~!"

잠들기 전 나에게 서운한 감정은 온데간데없다. 고맙고
미안하기만 하다. 코가 먼저 알아차린, 자극적이지도 않고
달달하고 고소한 떡볶이를 화해의 의미로 내놓자 이내 아
이들은 신이 나서 방방 뛴다.

"엄마 최고!"

이렇게 난 너무 쉽게 아이들에 의해 최고의 엄마가 되었
다. 다람쥐처럼 볼 가득 입 안에 떡을 넣고 오물거리는 아
이들에게 무슨 말을 먼저 꺼낼까 고민하다가 아라비안나
이트의 동굴 문을 여는 주문이 왜 열려라 참깨인지 아냐며
퀴즈를 냈다. 이내 두 아이가 시끌벅적
해진다(참깨를 볶다보면 참깨 꼬투리가
팍 하고 터지는데 그 모양새 때문에 그런

61

주문이 생겼다는 설이 있다). 그렇게 저마다의 상상을 하며 신나하는 아이들에게 아까는 엄마가 미안했다며 늦은 사과를 했다. 그러자 아이들은 "뭐가?"라며 그새 그 일들을 까맣게 잊은 듯 대꾸했다.

하루에도 몇 번씩 위로가 그립다. 멋진 아내이고 싶은데 잘 되지 않아 속상하고, 좋은 딸이고 며느리이고 싶은데 내 마음 같지 않기도 하다. 그리고 무엇보다 늘 아이들에게는 최고의 엄마가 되고 싶은데 나 때문에 가끔 엉망이 되면 마음이 주저앉고 만다. 어릴 때 나는 어른들은 위로가 필요하지 않다고 생각했었다. 하지만 요즘의 나는 위로와 응원이 절실한 어른이면서도 엄마이다.

오늘은 안기면 폭신하던 할머니 품이, 늘 따뜻하고 고소했던 할머니의 음식이, 그리고 궁디 팡팡 응원해주시던 할머니의 손길이 무척이나 그립다. 할머니께서 살아 계셨다면 오늘의 나를 보고 이리 말씀하셨겠지······.

"아고, 우리 강아지가 요즘 욕본다 욕봐."

제발

하룻밤만 안 깨고

푹 자면 좋겠어

〈육아비타민 레몬소스 고구마튀김〉

난 선천적으로 잠이 많다. 배고픈 건 어느 정도 참겠는데 졸린 건 정말 참을 방법이 없다.

어디서든 머리만 기대면 잠을 자고, 자고 일어난 지 몇 시간 되지 않았는데 또 졸리기도 한다. 신랑은 결혼 후 내가 외출하고 돌아와 청바지를 입고 소파에 앉아 그대로 아침까지 잠든 것을 보고 사람이 저렇게도 잠을 잘 수 있구나 깜짝 놀랐다고 한 적도 있다. 친정엄마는 내가 차를 몰고 나가는 날엔 "졸지 말고!"라며 아직까지 잔소리를 하실 정도다. 아마 학창시절에 잠만 줄였으면 전교 1등도 문제없… 아무튼 그런 나에게 아이가 생겼다.

아이를 보느라 끼니를 거르고 대충 때우는 건 어느 정도 견딜 만했다. 하지만 밤새 한두 시간마다 일어나 수유를 하고 기저귀를 갈고 앉았다 일어났다를 반복하는 생활은 정말 견디기 힘들었다. 낮 시간 동안 아이가 잠이 들 때 몇 분씩 옆에서 쪽잠을 자긴 했지만 나에게 있어 잠은 연속적으로 잠의 각 단계를 모두 거친 깊게 이어진 잠뿐이다. 이 정도로는 성이 안 찬단 말이다! 폭신한 베개와 푸근한 이불을 달라 늘 외치고 싶었다.

'잠 따위 며칠 정도는 못 자도 괜찮잖아? 이렇게 예쁜 아기가 네 곁에 있는데?'라고 말하는 사람들이 있을지도 모르겠다. 수면 박탈 실험을 당한 실험용 생쥐가 14일 뒤 죽은 사실을 알고 있나? 우리 인생의 1/3에 해당하는 잠을 어떻게 대충 때울 수 있을까.

텔레비전에서 에디슨은 하루에 4시간의 잠으로 충분했다고 광고하기도 한다. 얼씨구? 하지만 그러한 에디슨이 평소 화를 잘 내고 가족들과 사이가 좋지 않았다는 소문도 있던데 그 역시 부족한 잠 때문에 성질이 괴팍해져 그런 건 아닐까. 실제로 수면 부족은 감정 조절이나 대처 능력에도 문제를 일으킨다고 하니 나의 추측이 마냥 틀린 것만은 아닐 수도 있겠다.

아이를 키우며 가장 기뻤던 날을 누군가 물었다. 누군가는 아이가 처음 엄마라고 불렀을 때라 했고 누군가는 첫 걸음마를 했을 때라고 했다. 생각해보니 나도 그러한 날 무척이나 기뻐했던 거 같다. 그러나 내 육아 역사상 가장 기뻤던 날 하면 정환이를 낳은 지 14개월이 지난 어느 날 아침이 가장 먼저 떠오른다.

아침에 눈을 떴는데… 세상에 시계가 7시를 갓 넘기고 있었다. 나는 내 눈을 의심했다.

'세상에 내가 7시까지 잤어! 분명 어젯밤 9시쯤 잠자리에 들었는데 7시까지 쭉 잔 거야!!'

난 정환이를 부둥켜안고 뽀뽀 세례를 퍼부으며 덩실덩실 춤을 추었다.

"우리 아기, 밤새 한 번도 안 깨고 푹 잔 거야? 그런 거야? 이제 엄마도 밤새 잘 수 있는 거야?"

육아의 큰 고비 하나를 넘긴 것 같은 홀가분함도 이루 말할 수 없었다. 하지만 그 기쁨도 오래가지 못했다. 2년도 되지 않아 둘째가 생겼고 도로 찾은 수면의 기쁨을 3년도 채 못 느꼈을 때 둘째가 태어났다. 그나마 아이가 하나일 때는 아이가 잘 때마다 쪽잠이라도 함께 잘 수 있었지만, 아이가 둘이 되니 둘째가 잠을 잘 때 첫째를 돌보느라 산송장이 되어가는 것 같았다. 게다가 수유만 하면 왈칵왈칵 올려버리는 둘째는 누워서 모유수유도 불가했고 반드시 세워 들고는 등을 토닥여 트림까지 시키는 수고를 해야 했다.

잠을 못 자니 머리도 아프고 기운도 없었다.

어느 연구 결과에서 보면 잠이 부족하면 대사 이상으로 탄수화물을 섭취하고픈 욕구가 강해진다는데 모든 연구결과가 누구에게나 해당되는 건 아닌지 나는 입맛도 뚝 떨어졌다. 하루는 막냇동생이 정환이를 봐주기 위해 우리 집을 찾았다. 나는 죽어가는 목소리로 말했다.

"나 딱 4시간만 잘게. 제발 애들 좀 봐죠."

눈만 뜨고 있음 뭐하나. 머리부터 발끝까지 이미 꿈나라

에서 허우적대고 있는데. 커피나 에너지드링크는 모유수
유에 지장이 있으니 섣불리 마실 수 없었고 졸음을 쫓는데
효과가 있다는 가벼운 산책은 따사로운 햇볕을 받고 나면
세로토닌이 분비되어 몸이 더 노곤해질 뿐이었다. 부족한
잠을 해결할 수 있는 건 잠뿐이라며 아무것도 모르는 미혼
동생에게 두 아이를 맡기고 나는 침대 속으로 들어갔다.

　잠을 자고 일어나니 동생은 부엌에서 무언가를 만드느라
분주해 보였다. 달달하고 상큼한 향이 가득했다. 어깨 너머
로 보니 보기에도 먹음직스러운 무언가가 준비되고 있었다.

"당 떨어져서 그래. 완전 세상모르고 자드만!"

　평소 이것저것 만들어 먹는 것을 즐겨하는 동생이 시크하
게 이야기했다. 고구마를 길게 채 썰어 물에 담가 녹말을 뺀
뒤 달궈진 기름에 노릇하게 튀겨냈다. 이것만 먹어도 달달
하고 맛나는데 거기에 동생은 레몬즙에 꿀을 섞어 바글바글
끓인 뒤 따뜻한 고구마튀김을 휘익휘익 재빨리 휘저었다.
　달달하고 새콤한 레몬소스에 바삭한 고구마튀김을 흠
뻑 찍어먹으니 그 맛에 절로 기분이 업되었다. 나도 한입

만 달라며 깡충거리는 아들 역
시 먹자마자 엄지손가락을 척
들어올린다.

"피곤하면 비타민이라도 챙겨 먹든가."

실제로 레몬에는 구연산이 풍부해 피로회복에도 좋고 비
타민 C가 풍부하여 면역력을 높여 육아 전쟁을 치르는 엄
마들에게 든든한 방패와 같은 과일이다. 하지만 그 부담스
러운 새콤한 맛을 선뜻 챙겨 먹기는 쉽지 않아 레몬 물이
라도 만들까 해서 사두었던 것을 동생이 이렇게 멋진 요리
로 활용을 해준 것이다(사실 그 당시 레몬은 끓는 물에 데치고 베
이킹소다로 박박 닦아 레몬 겉에 묻은 왁스를 제거하는 일마저도 귀
찮아 그대로 냉장고에 넣어두었던 애물단지였다).

결국 앞치마 입은 김에 '이것도…'라며 레몬 한 봉지를
동생에게 들이밀었고, 동생은 눈을 흘끔 흘기더니 이내 긴
말 하지 않고 그 레몬들을 다 깨끗하게 씻어주고는 돌아
갔다. 아직도 동생은 그때 언니는 사람 몰골이 아니었다며
혀를 내두른다.

잠이 부족하면 예민해지고 별것도 아닌 일에 화를 내게 된다. 건강한 육아를 위해서 엄마들에게 양질의 수면은 반드시 필요한 필수 조건이다. 아이가 잘 때 살림이라도 해두어야지라며 잠을 미루다가는 어느새 자신과 아이에게 폭군처럼 화를 내고 있는 자신을 발견하게 될지도 모른다.

지금도 난 잠이 많다.

난 잠에도 정해진 양이 있다고 믿는 편이다. 며칠간 몇 달간 잠이 부족했다면 반드시 그 부족한 만큼 채워주어야 한다고 믿는다. 이건 나 혼자만의 생각이 아니다. 실제로 11일 이상 잠을 자지 않아 기네스북에 오른 랜디 가드너는 이 실험이 끝난 뒤 15시간 가까이 잠을 잤고 그 후에도 며칠 동안이나 10시간 가까이 잠을 몰아 잤다고 하니 수면 빚이라는 말이 아예 없는 말은 아닐 것이다.

초저녁부터 하품을 하며 돌아다니는 나에게 오늘은 무얼 했기에 벌써 이리 졸려 하냐고 남편이 묻는다. 그럼 수년간 아이를 키우느라 부족했던 수면 빚을 갚아나가고 있는 중이라고, 난 빚쟁이이니 빚 갚는 거 협조 좀 해달라며 아이들을 맡기고는 제일 먼저 침대 방으로 향한다. 건강한 수면은 곧 행복한 나의 가정과 직결된다고 철석같이 믿으며!

식습관도 수면습관도 엄마가 먼저 건강히 갖추어야 이로 인해 아이가, 가족이 모두 바르게 생활할 수 있다고 믿는다. 심리적인 안정감은 남편과의 관계에도 아이와의 유대감에도 편안한 가정생활에도 큰 영향을 끼치기 때문이다.

잠자기 직전까지 무거운 야식을 먹고 스마트폰을 들여다보는 대신, 어제보다 나은 육아라이프를 위해 웰 슬립WELL sleep을 청해보는 건 어떨까.

피로회복
음료 레시피

레몬 오미자 에이드

1. 오미자는 흐르는 물에 씻어 체에 밭쳐둔다.

2. 레몬은 껍질째 끓는 물에 데친 뒤 베이킹소다로 왁스를 닦아낸 뒤 슬라이스한다.

3. 오미자와 레몬, 설탕을 1:1:1 비율로 섞어 소독한 병에 담아 실온에서 하루 보관한다.

4. 감기에 걸렸을 때는 따뜻한 레몬오미자 차로 마셔도 좋고, 탄산수와 섞어 시원하게 즐겨도 좋다.

바나나 식초

1. 바나나는 껍질을 제거하고 2cm 두께로 썬다.

2. 양조식초와 설탕을 1:1 비율로 섞어 설탕이 녹을 정도로 충분히 저어준다.

3. 소독한 병이나 밀폐용기에 바나나를 넣고 식초와 설탕물을 바나나가 잠길 정도로 넣는다. 실온에서 하루를 보관한 뒤 냉장고에서 2주간 숙성하면 바나나 식초가 완성된다.

4. 탄산수나 시원한 물에 희석하여 마시면 부종에도 좋고 피로회복에도 도움이 된다.

과일청

1. 딸기, 자몽, 키위 등 과일청을 만들고자 하는 과일은 깨끗하게 씻어 슬라이스한다.

2. 소독한 병이나 밀폐용기에 과일과 설탕을 1:1 비율로 담아 여름철에는 실온에서 하루 정도, 겨울철에는 이틀 정도 숙성 후 냉장보관한다.

3. 탄산수나 사이다에 타서 시원하게 즐기거나 요거트에 섞어 드레싱으로 활용해도 좋다.

그렇게

　　　　좋던 체력은

어디로 갔지?

〈울트라 슈퍼파워 장어 덮밥〉

"엄마, 나 오늘 너무 피곤해. 유치원 안 가고 싶어."

"엄마, 나도 어제 잠 못 잤어. 나도 어린이집 쉴래."

주말 캠핑 여파였을까. 두 아이가 눈을 뜨자마자 사실상 허락을 필요치 않은 통보를 했다. '그럼 엄마는 엄마는 언제 쉬니? 나도 오늘 좀 쉬자!' 말하고 싶었지만, 어쩐지 오늘따라 큰아이는 두 눈이 푹 들어가 쌍꺼풀이 생겼고, 둘째도 얼굴이 부어 더 동글동글해 보이는 것 같다.

두 아이를 원에 보내고 하려 했던 캠핑 뒷정리를 슬금슬금 하기 시작했지만 쉽지는 않다.

"엄마, 그 텐트는 잠깐만. 우리 조금만 더 놀고."

큰아이가 슬금슬금 태평양 같은 텐트를 거실에 펴기 시작한다.

"엄마 엄마, 나 여기에 요리할래."

둘째는 이미 코펠을 가지고 자기 방으로 들어갔다.
휴… 한숨이 절로 나온다.
그때 까톡! 메시지가 온다.

"뭐 해?"

신랑이다. 가끔 신랑은 나에게 뭐 하냐고 메시지를 보낸다. 연애할 때의 나라면, '우훗! 이 남자 지금 내가 뭘 하는지 궁금하구나? 설레어 했을 텐데, 요즘은 이런 문자를 받으면 '뭐야, 내가 할 일이 없어 놀고 있을까 봐?'라며 할일들을 주저리주저리 써 답장을 보낸다. 특히 '오늘 아이들 다 등원 안 했어'라고 보내면 남편은 그제야 아… 바쁘겠구나 생각하는지 더 이상 오늘 스케줄을 궁금해하지 않는다.

가끔 두 아이가 등원을 하지 않는 날이면 종일 커피 한 잔을 마실 여유도 없다. 씻기고 치우고 먹이고도 모자라 이거 해죠, 저거 읽어죠 조르는 통에 정신 차려 시계를 보면 오후 4~5시가 넘을 때가 대부분이다.

근데 그렇게 정신없이 보냈음에도 퇴근한 남편이 "오늘 뭐 했어?" 물어보면 딱히 답할 말이 또 없다. "그냥… 애들이랑 집에 있었지"라고 대답하면, 남편은 중간에 '애들이랑'은 쏙 빼놓고 '그냥… 집에 있었지'만 들리는지 얼마나 평화롭고 여유로운 하루였겠냐며 자기는 직장 상사가 스트레스 주는데 너는 이리 사랑스러운 아이들과 종일 집에 있었으니 너무 좋았겠다며 부러움의 눈빛을 쏜다. 그러나 그 시간 난 이미 녹초가 되어 만사가 귀찮다.

눕자마자 눈이 감기는 나에게 신랑은 묻는다.

"하루 종일 집에 있었다며, 왜 이렇게 피곤해 해?"

29살, 요즘 나이로는 조금 이른 나이에 어른들이 생각하기로는 꽉찬 나이에 결혼을 했다. 그때 내가 잘 따르던 인생 선배에게 들었던 이야기이다.

"지현, 왜 이렇게 일찍 시집가? 좀 더 있다 가도 늦지 않은데. 젊어 낳은 아이는 체력으로 키우고, 늙어 낳은 아이는 재력으로 키운데… 아이는 좀 천천히 낳아."

인생 선배이자 결혼, 육아의 선배가 하는 이야기가 아직까지도 선명하게 남아 있는 이유는 두 아이를 키우며 이 이야기를 몸소 체험하고 있기 때문이다.

서른에 큰아이를 낳은 나는 열정이 넘치는 엄마였다. 아이가 먹는 음식이며 물 하나 사는 것도 고르고 골라 좋은 것만 주려 했었고, 시기별로 읽어주어야 할 책, 시기별 놀이, 사주어야 할 적기 장난감들을 도표로 만들어 붙여 놓고는 하루라도 게으름 피우면 뒤처지고 놓칠세라 조바심내며 바쁘게 보냈었다. 지금 생각해보면 단 하루도 빈둥거리며 놀아준 적이 없었던 것 같다. 엄마가 여유 부릴 수 있는 키즈카페도 거의 가지 않았다. 과학체험관, 미술관, 박물관, 도서관, 동물원 등등 무조건 많이 보여주고 경험하게 해주고 싶어서 여기저기를 데리고 다니고 집에 와서는 관련 책을 읽거나 미술활동으로 마무리를 해야 속이 편했다. 그나마 집에 있을 때에도 거실과 부엌, 화장실을 난장판이 될 때까지 아이랑 놀다가 아이가 지쳐 잠이 들면 그렇게 뿌듯할 수가 없었다.

그런 나를 더 부채질한 건 바로 주위의 평가였다.

'아이가 말이 참 빠르네요', '알고 있는 색이 또래보다 많아요', '표현력이 좋네요', '벌써 책을 읽어요?' 등등. 지금 생각해보면 대체 누굴 기준으로 그런 평가를 내렸는지 다 부질없는 칭찬이지만 그 당시 나는 그게 모두 내 바지런함 때문일 거라 믿고 더 조바심 내며 아이와의 시간에 더 많은 공을 들였다. 하지만 내가 다시 일을 시작하고 둘째가 태어나면서 그런 나의 공은 점차 다른 곳으로 옮겨갔으며 예전처럼 놀아주기에는 시간도 체력도 허락하지 않았다.

나는 한 살 두 살 나이를 먹고 있었고, 으쌰으쌰 제대로 한번 놀아줄까? 맘먹었다가도 곧 지쳐 반나절은 그대로 누워 눈만 껌벅거리고 있기도 했다.

미안하게도 둘째에게는 큰아이만큼 비눗방울 놀이를 해준 적도 없고 수족관에 자주 가지도 못했다. 미술관을 간 횟수는 손에 꼽았고 하루에 읽어주는 책의 양도 절반에 불과

하다. 이후 둘째를 낳은 친구들과 결론을 내렸다.

"정말 첫째 때에 비해 너무 체력이 달리지 않니?"

분명 자고 일어난 지 몇 시간 되지 않았는데 눈꺼풀은 무겁고, 커피는 아메리카노고 다방커피고 따지지 않고 무조건 한 사발 원샷해야 했다. 그렇게 하지 않으면 정오가 넘어갈수록 왠지 기운이 없고 피곤했다. 그렇게 저녁까지 먹고 엉덩이를 붙이면 손끝 발끝으로 그나마 남은 기운이 스물스물 다 빠져나가는 것 같았다.

"엄마~ 종이 접기 하자~ 엄마~ 책 읽어죠~~."

아이들의 에너지는 매일이 놀라움이다. 지치지도 않고 함께 놀기를 제안한다. 그러면 난 그나마 누워서 할 수 있는 책 읽기를 하는데… 읽어주다가 점점 글씨가 두 줄로 보이면서 점점 헛소리를 하고 아이가 '엄마 자?'라고 물으면 아니라며 눈을 한번 크게 뜨지만 곧 책을 얼굴에 덮고는… 잠이 든다.

다음 날 아침 "엄마, 어제 이거 끝까지 안 읽어줬다"라며 책을 들이미는 아이를 보며 이 어미가 기운이 달려 미안하다를 속으로 백만 번 외친다.

나는 여전히 마음은 두 아이와 종일 외출도 하고 싶고, 춤추고 노래하고 싶다. 놀이터에서 잡기 놀이도 신나게 하고 자전거도 쌩쌩 타고 말이다. 하지만 현실은 그냥 가까운 곳에 설렁설렁 다녀왔다가 집에서 둘이 얌전히 놀아주는 게 제일 고맙다. 물론 내가 일이 없는 날 둘 다 등원을 해준다면 더 감사하겠고.

큰아이 어릴 때는 다닌 적 없던 키즈카페도 둘째와 다녀보니 안전한 공간에서 아이들끼리 잘 노니 엄마는 앉아 눈으로만 따라다니면 되어 엄마에게는 너무 훌륭한 공간이었다. 점점 내 몸이 편한 육아를 찾고 있었다.

한동안 연일 이어지는 릴레이 강의와 따로 진행되는 요리 개발과 PT 준비로 눈코 뜰 새 없이 바빴다. 살림을 대신해줄 이모님을 둘 형편도 아니고 아이도 맡기지 못하고 케어해야 하는 상황이라 되도록 무리가 되지 않는 선에서 일을 잡는 편인데 그 시기에는 이상하게 일이 몰렸다.

집에 오면 집안일이 가득 밀렸고, 밖에 나가면 바깥일이 잔뜩 줄지어 있었다. 처음 일주일 정도는 발악을 했다. 틈나는 대로 집안일도 하고, 수업 준비도 새벽에 하고, 밤새 메뉴 개발도 하고, 아이들 잠자리에서 책도 읽어주고 말이다.

하지만 곧 지쳤다. 그 시기에 지구상에 1~3퍼센트만 존재한다는 쇼트 슬리퍼short sleeper가 얼마나 부러웠는지 모른다. 잠은 자도 자도 부족했다. 내 얼굴에 '피곤해요'가 그대로 쓰여 있다. 입술도 부르트고 다크써클도 내려왔다.

하지만 그보다 아이들에게서 '우리 엄마 요즘 바빠요'가 그대로 드러났다. 집에서는 제법 수다쟁이였던 내가 말수도 줄고 혼자 하는 일이 많아지니 눈치 빠른 아이들은 자기들끼리 시간을 보내기 시작했다. 나에게 말을 거는 일도 줄었고 부탁하는 일도 없었다. 며칠은 잠들 때 책도 안 읽어준다고 투정하더니 어느새 둘이 뒹굴뒹굴거리다 잠이 들곤 했다. 아이들에게는 너무 미안했지만 안팎일을 모두 처리하기에 그때의 나는 너무 힘들었다.

어린이집에서는 연일 '어머니 혜원이 칫솔을 안 보내셨네요', '수첩은 오늘 안 가져오셨나봐요', '소풍비가 아직 입금이 안 됐어요'라며 메시지가 오곤 했고, 정환이의 학습지는 새것처럼 밀려가고 영어 학원 교재에는 Homework 도장이 여기저기 찍혔다.

그렇게 여러 달이 지나고 나는 다시 예전처럼 균형 잡힌 일상으로 돌아오려고 했다. 하지만 수개월간 너무 무리를 한 탓인지 몸은 여전히 천근만근이고 컨디션이 좋지 않았다. 한번 걸린 감기는 쉬이 떨어질 생각도 안 하고 구내염이 릴레이처럼 이어졌다. 나부터 일으켜 세워야겠다는 생각이 들었다. 난생처음 스스로를 위해 거금을 들여 홍삼을 주문했다.

엄마가 에너지가 없고 지치니 그 여파는 집안에서 고스란히 나타났다. 아이들에게 "나중에… 이따가… 스스로 좀해"라며 일을 미루었고, 놀아주기는커녕 제대로 된 밑반찬에 식사를 챙겨주는 것도 힘들었다. "엄마가 건강해야 애들도 건강한 거야"라며 평소 영양제라도 꾸준히 챙겨 먹으라던 친정엄마의 말씀이 새삼 와 닿았다. 나부터 기운을 차려야겠다는 생각이 들었다.

늘상 냉장고에 들어갔다 나왔다 하는 밑반찬들 말고 생각만 해도 기운이 나는 그런 음식이 절실했다. 대표적인 원기보충용 음식인 장어가 떠올랐다. 잡기 힘들 정도로 펄떡거리는 것만 봐도 그 힘을 알 수 있다. 보통은 남자들의 정력에 좋다고 알려져 있지만 고단백질 음식이라 여자들 피부 미용에도 좋고 허해진 기운을 보충해주는 데도 효과가 좋다.

장어는 우리나라와 일본, 중국 등 아시아에서 즐기는 대표적인 보양식이라고 알고 있었는데, 유학 시절 프랑스 셰프에게 장어 젤리 만드는 법을 전해 듣고는 지난날 영국에서도 서민들이 즐기는 보양식이란 걸 알게 되었다.

19세기쯤 산업혁명의 여파로 템즈 강이 오염되었을 때 다른 물고기들은 떼죽음을 당했지만 생명력이 강한 장어는 살아남아 장어 요리가 발달하게 되었고, 그 이후 많은 장어 요릿집이 성행을 했다고 한다. 물론 돈 있는 사람들은 오염된 강물에서 잡은 장어를 먹지 않았고 대부분 서민들의 단백질 보충용이었다고 하니 지금의 비싼 대접을 받는 장어와는 사뭇 다르다. 특히 빈곤층은 이러한 장어를 좀 더 오래 두고 먹기 위해 젤리 형태로 먹었다. 당시 노동자들의 체력을 책임진 고마운 음식이라 해도 과언이 아니다.

마트에 가니 깔끔하게 손질된 장어가 눈에 들어온다. 장어를 먹겠다고 생물을 사다가 손질하는 것은 과욕이다. 먹기도 전에 팔딱거리는 장어와 씨름하느라 녹초가 될 지도 모르니까.

집에 돌아와 장어에 청주를 뿌려 재
워두고는 생강을 곱게 채 썰고 데리
야키 소스를 자글자글 끓였다.

장어 한 마리가 고스란히 오른 뜨
끈하고 하얀 밥을 보고 있자니 힘이 절로 났다. 그 맛이 궁
금은 해도 썩 끌리지는 않아 장어 젤리 대신 덮밥을 만들었
지만, 이 한 그릇을 앞에 두고 오래전 체력으로 생존해야 했
던 런던 노동자의 마음을 조금 알겠다 하면 오버일까? 하얀
파채와 생강채를 올려 한입 푹 떠먹으니 속이 든든해졌다.

물질적인 것일 수도 있고, 정신적인 것일 수도 있지만 아
이에게는 무엇이든 좋은 것 값진 것을 해주고 싶은 것이 엄
마의 마음이다. 나에게도 아직 욕심이 많다. 아직 어린 두
아이에게 좋은 추억을 많이 만들어주고픈 욕심, 늘 에너지
넘치는 엄마로 기억되고픈 욕심. 아이가 날 보고 이야기할
때 항상 환한 얼굴로 들어주고 응원해주고픈 욕심 말이다.
놀이터에서도 부둥켜안고 같이 뛰어 놀고 싶고, 함께 산도
오르내리며 땀도 흠뻑 흘리고 싶고, 종일 아이 장단에 맞
춰 시간을 보내고 싶은 욕심도 있다.

곰곰 생각해보니 아이에게 해주고 싶은 것들에는 많은

재력보다는 충분한 체력이 필요한 것들이 아직 더 많다. 살면서 우리는 10년만 젊었어도, 20대만 되었어도, 작년만 해도 할 수 있었던 많은 일이 있었다는 것을 깨닫고 아쉬워한다. 지금보다 더 나이가 들어 아이의 걸음을 따라가기 힘든 그런 나이가 되면 우리는 또한 지금을 아쉬워하겠지. '내가 30대였더라면…' 혹은 '네가 다섯 살 때로 다시 돌아갈 수 있다면…'이라고 말이다.

종일 땀을 뻘뻘 흘리며 놀고도 아직 에너지가 넘치는 귀여운 두 아이들을 보니 부럽기도 하고 신기하기도 하다. 저 녀석들 장단 맞추려면 좋은 것 많이 먹고, 운동도 열심히 해야지 절로 다짐하게 되는 순간이다.

창밖에 달이 유난히 밝다. 나도 초인적인 울트라 슈퍼 파워 맘이 되고 싶다고 소원을 슬쩍 빌어본다.

엄마가 힘든 날 필요한
방문 놀이 선생님

아이랑 놀기짱

프리미엄 유아 방문 창의 놀이 수업으로 전국의 아동 교육 전문가들과 창의 놀이, 창의 놀이 English, 사회성 발달 놀이, 언어 발달 놀이 등 테마별로 진행하며 홈페이지를 통해 프로그램 확인이 가능하다. 스마트폰 앱 '아이랑 놀기짱' '육아놀이정보' 어플도 운영중이다.

문의 : www.bicdaddy.com

히히호호

오감 퍼포먼스로 다양한 주제와 재료를 경험하고 두뇌와 창의성 발달을 돕는 오감놀이 교육이다. 생후 6개월~ 36개월은 히히 프로그램, 생후 24개월 ~7세는 호호 프로그램으로 나누어 진행한다.

문의 : www.hehehoho.co.kr

홍선생미술

방문 미술 수업으로 24개월부터 성인까지 단계별 수업이 가능하다. 24개월 이상 유아에게 진행되는 프로그램은 '홍선생 미술 퍼스트 아트'로 아이의 창의력과 상상력을 최대한 이끌어내는 놀이를 통한 미술 수업을 진행한다.

문의 : www.misul.eduhong.com

씽씽놀이터

미술, 요리, 퍼포먼스, 음률, 이벤트, 신체 등 누리교육과정에 입각한 통합 놀이 프로그램을 각 주차마다 모두 다른 수업 구성으로 진행한다.

문의 : 070-7376-4887

반올림 교육

오감, 오르프, 체육 특기 적성 프로그램으로 놀이 전문 선생님과 1:1 개인 수업부터 1:5 그룹 수업까지 진행 가능하며 18개월부터 만 5세까지 단계별로 매주 새롭고 다양한 연령별 맞춤 수업이 가능하다.

문의 : www.banolim.co.kr

네가 아프면

엄마도

아파

〈허니 바나나 라떼〉

"엄마, 귀가 너무 아파."

어린이집을 다녀와 잘 놀던 둘째가 갑자기 귀를 잡아 뜯으며 얼굴이 빨개지도록 울었다.

"엄마, 귀가 너무 답답해. 안 들려, 엄마 나 안 들려."

놀란 나는 아이를 부둥켜안고 부리나케 병원으로 향했다.

"급성 중이염입니다."

그만하길 다행이라고 생각하던 찰나 차트를 찬찬히 살펴보시던 의사선생님이 말씀을 하신다.

"그런데 지금 양쪽이 다 중이염이네요. 한쪽은 급성 중이염이고, 다른 쪽은… 이게 3개월 전부터 진행된 중이염인 것 같은데……."

순간 아차 싶었다.

'약을 써도 더 좋아지지 않네요. 이런 경우 자연스럽게 좋아질 수도 있으니 일단은 약을 끊고 2주 뒤에 다시 오셔서 체크를 해봅시다.'

그 2주가 수개월이 지나버린 것이다.

"이렇게 수개월간 중이염이 호전되지 않을 경우에… 청각에 문제를 끼칠 수도… 작은 관을 귀에 삽입하는 시술을……."

순간 덜컥했다.

"청각에 문제라고요? 관을 귀에 삽입해요?"
"아. 지금 저는 최악의 상황을 말씀드리는 거구요. 앞으로 좀 더 지켜보기로 하죠."

열흘 넘게 먹고 있던 항생제에 마음이 무겁던 찰나, 이틀에 한 번 꼴로 아이와 소아청소년과에 가서 1~2시간가량 기다리며 받는 진료가 녹록치 않았던 나는 슬그머니 치료를 놓아버렸던 것이다. 게으르고 잘 챙기지 못한 엄마 때문에 아이의 병을 키운 것 같아서 미안했다. 약을 먹으면서도 아침마다 귀가 이상하다고 칭얼대는 둘째를 볼 때마다 내 어깨도 그렇게 움츠러져갔다.

게다가 큰아이는 비염이었다. 밤에 코를 골고 다크써클이 생기기 시작했을 때, 내가 청소를 게을리 해서 비염이 생긴 건가, 임신 중에 매운 걸 많이 먹어 그런가, 별별 생각이 다 들었었다.

한약을 먹어도 좀처럼 호전되지 않고 심할 때는 자다가 숨이 넘어갈 듯 코를 골기도 했다. 대학병원에 갈 때마다 콧속 엑스레이를 찍고 하얀 항생제를 네댓 병이나 처방받아 와야 했다. 남들보다 자주 엑스레이 찍는 것도 안쓰러워 죽겠는데 몇날 며칠을 마치 못 먹일 거라도 먹이는 것처럼 항생제를 먹이는 내내 아이에게 미안해해야 했다.

주변에서는 비염에는 도라지가 좋다는데, 작두콩 밥이 좋다는데 하며 어른들이 약을 그만 먹이고 엄마가 어떻게 좀 해보라 하시면 마음은 더 무거워졌다.

그렇게 겨울철만 되면 죄인처럼 미안해하며 살고 있는데 둘째는 중이염이 만성이 될 기미가 보인다고 하자 엄마라는 성적표에 낙제를 받은 것처럼 기분이 가라앉았다.

친정엄마한테 둘째가 중이염이 오래되었다고 말씀드리자 네가 애 머리 감기고 귓속을 잘 안 말려줘서 그런 거 아니냐며 다그치셨다. 내 탓이오 내 탓이오 다 내 탓이다. 아이들이 아프면 종일 일이 손에 잡히지 않고 컨디션이 좋지 않다. 이런 게 바로 '아프냐? 나도 아프다'라고 느낀다는 그 거울 뉴런 때문인가.

'애들은 다 아프면서 크는 거야'라고 스스로 위로해보기도 하지만, 그래도 아이가 아픈 모습을 보는 엄마 마음은 언제나 안쓰럽다. 막상 아이가 아프면 엄마로서 해줄 수 있

는 게 별로 없다. 워킹맘은 더 그렇다. 약을 챙겨주고 곁에 함께 있어주는 것도 맘껏 하지 못한다. 아픈 아이를 돌보지 못한 날 저녁엔 열이 나거나 목이 아플 때 먹으면 좋은 음식들을 해주곤 했는데 귀가 아프다니 도대체 어떤 음식을 해주어야 좋을지 난감했다.

신이 모두에게 갈 수 없어 보냈다는 엄마, 난 그런 엄마임에도 불구하고 아무것도 해줄 것이 없었다. 자는 아이 곁에 살포시 누워서 머리를 쓰다듬는데 아이가 눈을 뜨더니 나에게 말을 한다.

"엄마, 내가 아프면 엄마도 마음이 아프지? 엄마 힘내! 그래야 내가 행복해."

늘 천방지축 아기인 줄만 알았는데 축 져진 나를 보더니 오히려 나를 위로한다. 이래서 엄마는 또다시 힘을 낼 수 있다.

부엌으로 조용히 나와 이것저것을 뒤적였다. 딱히 입맛은 없는데 가라앉은 기분을 채워줄 무언가가 필요했다. 나의 마음을 달래주고 귀가 아파 고생하는 딸아이를 위한 음식이 무엇이 있을까?

혈중에 칼슘 농도가 부족하면 불안하고 초조하고 숙면을 취하지 못한다. 이럴 때 우유를 마시면 트립토판이라는 아미노산 성분 때문에 진정 효과 및 수면유도 효과가 있다. 또한 슈가 포인트라고 불리는 검은 반점이 나타나기 시작한 바나나에도 트립토판이 풍부하여 바나나를 먹거나 바나나 향만 맡아도 행복감과 만족감이 높아진다는 연구 결과가 있으니 이 둘을 함께 먹는다면? 요동치는 불안한 마음을 달래주기에 부족함이 없어 보인다.

뿐만 아니라 바나나에는 체내 바이러스를 없애는 백혈구의 활동을 활발하게 하고 행복 호르몬으로 알려진 세로토닌의 생산을 돕는 비타민 B6가 풍부하여 면역력 강화와 스트레스 해소에 효과가 좋아 몸이 아파 기분이 가라앉을 때 먹기에 더할 나위 없이 좋은 과일이다.

본래 바나나는 열매 속에 거칠고 딱딱한 씨들이 너무 많아 우리가 먹기에는 적합하지 않은 과일이었다. 대신 사람들은 바나나 나무의 뿌리를 먹기 위해 재배했는데, 어느 날 씨가 없는 지금의 바나나와 같은 돌연변이가 재배된 후로 먹기 편한 씨 없는 바나나만을 재배하게 되었다고 한다. 노란 껍질을 슥슥 벗긴 바나나와 우유 그리고 약간의 꿀과 견과류를 넣고 믹서에 드르륵 갈자 온 집안에 달콤한 향기가 가득하다.

아이들에게는 시원한 바나나라떼를, 난 에스프레소 샷을 넣은 따뜻한 커피 바나나라떼를 만들어 셋이 마주 앉았다.

이렇게 맛난 간식을 만들어주어 고맙다고 웃어주는 아이들을 보고 있자니 마음이 바나나라떼처럼 든든했다. 아이가 아프면 나도 아프고 아이가 웃어주면 내 마음도 웃는다. 난 어쩔 수 없는 엄마인가보다.

아이에게 약이 되는
엄마 레시피 (꿀은 생후 24개월부터 먹일 수 있다.)

아이가 배탈로 설사할 때

홍시 바나나 무침

홍시는 과육만 발라내고 바나나는 체에 내려 부드럽게 만든 뒤 홍시와 섞어 먹는다. 설사가 심하다면 생밤을 까서 얇게 저민 뒤 홍시, 바나나와 섞어 먹어도 좋다.

아이가 갑자기 열이 날 때

무를 강판에 갈아 면보로 감싸 꼭 짠 뒤 건더기는 면보에 싸서 이마에 올리고, 즙은 미지근한 물과 꿀을 타서 숟가락으로 조금씩 떠 마신다.

후두염으로 열나고 목이 아플 때

곶감에 물을 넣고 약불로 달여 수시로 미지근하게 마신다.

아이가 급체했을 때

따뜻한 생수 1컵에 양조식초 1작은술, 볶은 소금 1/3작은술을 넣어 마시면 위장을 자극하여 체기를 내리는데 도움이 된다.

가래 기침이 심할 때

무를 강판에 갈아 면보로 감싸 꼭 짠 뒤 무즙에 매실청 또는 꿀을 넣어 먹는다.

코가 막힐 때

파 뿌리를 깨끗하게 씻어 잠길 정도의 생수를 부어 약불에서 달인 뒤 꿀을
타서 먹는다.

초기 목감기에

우유를 따뜻하게 데운 뒤 모과차를 넣고 저어 차로 마신다.

Serving Size : 2인분
1컵=200cc

⫼ LTE 덮밥 규돈

재료

밥 2공기, 쇠고기 (샤브샤브 또는 불고기감) 200g, 양파 1/2개, 쪽파 2대, 계란 1개

〈규돈 양념〉

다시마 우린 물 150ml, 미림 100ml, 양조간장 2큰술, 참치액 2큰술, 청주 2큰술, 생강 3g(엄지손가락 한 마디 정도)

1. 규돈 양념은 분량대로 섞는다.

2. 양파는 채 썰고, 쪽파는 송송 썬다.

3. 달군 팬에 양파와 양념장을 넣고 바글바글 끓인다. (약 5분간)

4. 김이 오른 뜨거운 물에 쇠고기를 핏기가 남아 있을 정도로 재빨리 데쳐낸다.

5. 〈3〉에 데친 쇠고기를 넣고 졸여준다.

6. 그릇에 밥을 담고 〈5〉를 얹고 계란 노른자, 쪽파를 올려 완성한다.

러블리 미역국 수제비

재료

건미역 10g, 쇠고기(국거리) 150g, 국간장 1큰술, 참기름 1큰술, 물 7컵, 소금 적당량

<쇠고기양념>

국간장 1작은술, 다진마늘 1/2큰술, 청주 1/2큰술, 후춧가루 약간

<찹쌀 수제비 반죽>

다시마 5*5cm 1장, 시판 찹쌀가루 1컵, 중력분 1/2컵, 뜨거운 물 10큰술, 소금 2/3작은술

1. 건미역은 물에 20분간 담가 불린 뒤, 찬물에 거품이 나오지 않을 때까지 씻어 헹군다.

2. 미역은 물기를 꼭 짠 뒤 국간장 1작은술을 넣고 밑간한다.

3. 국거리 소고기는 한입 크기로 썬 뒤 쇠고기 양념에 밑간한다.

4. 달군 냄비에 참기름을 두른 뒤 쇠고기를 넣고 중불에서 1분간 볶다가 미역을 넣고 볶는다.

5. 물 1컵과 다시마를 넣고 3분간 끓이다가 국간장 2작은술과 물 6컵을 넣고 끓인다.

6. 볼에 시판 찹쌀가루와 중력분, 소금을 잘 섞고 뜨거운 물을 1큰술씩 넣으며 농도를 보고 반죽한다.

7. 반죽은 5분 정도 치댄 뒤 한입 크기로 동그랗게 빚는다.

8. 센불에서 10분간 끓이다가 끓어오르면 찹쌀 수제비를 넣고 반죽이 떠오를 때까지 중약불로 익힌다.

희로애락 레몬치킨 샌드위치

재료

닭가슴살 1조각, 소금 1/4작은술, 청주 3큰술, 로메인 레터스(또는 양배추) 베이컨 2줄, 레몬 1/2개, 양파 1/6개, 식빵 3장, 마요네즈 2큰술, 후추 약간, 실온 버터 2큰술

〈닭고기 익힘용 재료〉

생강 3g, 양파 1/4개, 물 3컵

1. 닭가슴살은 소금, 후추, 청주로 밑간한다.

2. 냄비에 닭가슴살이 충분히 잠길 정도의 물을 붓고 생강과 양파를 넣고 함께 끓인다. 물이 끓기 시작하면 닭가슴살을 넣고 냄비 뚜껑을 연 상태로 끓여 10분간 익힌다.

3. 양파 1/6개는 잘게 다진다.

4. 레몬은 즙을 내 보관하고, 더 강한 레몬 향을 내고 싶다면 껍질은 소금으로 문질러 깨끗하게 씻은 뒤 노란 껍질만 잘게 다져 준비한다.

5. 베이컨은 달군 팬에 노릇하게 구워낸다.

6. 식빵은 토스터기에 노릇하게 구워낸다.

7. 익혀낸 닭가슴살은 잘게 다져서 레몬즙(레몬껍질), 다진 양파, 마요네즈, 후추와 섞는다.

8. 식빵에 버터를 바르고 식빵– 닭가슴살– 식빵– 베이컨– 로메인 레터스– 식빵 순으로 어셈블하여 완성한다.

🍴 궁디팡팡간장떡볶이

재료

떡볶이 떡 3컵(350g), 잡채용 쇠고기 채썬 것 150g, 표고버섯 2개, 양파 1/2 개, 다진마늘 1 작은술, 식용유 약간, 후추 약간

〈쇠고기 양념〉

양조간장 2작은술, 설탕 1작은술, 다진 마늘 1/2작은술, 후추 약간

〈떡볶이 양념〉

양조간장 2큰술, 다진 마늘 1큰술, 참기름 1큰술, 올리고당 1큰술, 설탕 1작 은술, 생수 1/2컵

1. 표고버섯은 얇게 슬라이스하고, 양파는 채썬다.

2. 쇠고기는 쇠고기 양념에 버무려 밑간한다.

3. 채썬 표고버섯도 〈2〉와 함께 버무려 둔다.

*쇠고기를 버무린 뒤 버섯을 버무려야 양념장이 버섯에만 흡수되는 것을 막을 수 있다.

4. 떡볶이 떡은 끓는 물에 2분간 데쳐낸다.

5. 데쳐낸 떡은 떡볶이 양념에 재워둔다.

6. 달군 팬에 식용유를 두른 뒤, 다진 마늘과 쇠고기, 양파를 중불에서 1분간 볶는다.

7. 떡과 양념 재료를 함께 넣고 5분간 볶은 뒤 통깨를 뿌려 마무리한다.

육아비타민 레몬소스 고구마튀김

재료
고구마 1개, 튀김가루 또는 전분가루 1/3컵, 튀김 기름

〈레몬 소스〉
레몬즙 1큰술, 메이플 시럽 5큰술

1. 고구마는 곱게 채썰어 찬물에 10분간 담가 전분 기를 뺀다.

2. 건져낸 고구마는 잠시 채에 받쳐 물기를 제거한다.
   (물기가 있으면 튀김할 때 기름이 많이 튀어요)

3. 물기를 제거한 고구마는 위생 백에 튀김가루와 함께 넣고 흔들어 얇게 튀김옷을 입힌다.

4. 달군 튀김 기름에 고구마는 바삭하게 튀겨낸다.

5. 레몬소스는 분량대로 섞는다.

*메이플 시럽이 없다면 올리고당이나 꿀로 대체해도 좋다.

6. 튀겨낸 고구마와 레몬소스를 함께 담아낸다.

🍴 울트라 슈퍼파워 장어덮밥

재료

시판 양념장어 작은 것 2마리, 따뜻한 밥 2공기, 생강 1쪽, 대파 2대, 참기름 약간

〈양념장〉

양조간장 2큰술, 올리고당 2큰술, 맛술 2큰술, 후춧가루 약간, 물 2큰술

1. 시판 양념장어는 한입 크기로 썬다.

2. 대파는 송송 썰고, 생강은 곱게 채썬다.

3. 양념장은 분량대로 섞어서 약불에서 1분간 끓인다.

4. 따뜻한 밥 위에 한입 크기로 썬 장어와 대파, 생강을 올리고 양념장을 2큰술 정도 뿌려 완성한다.

*대파 대신 양파채나, 부추 등으로 대신해도 좋다.

허니 바나나 라떼

재료

바나나 1개, 우유 1컵, 호두 1/3컵, 꿀 1큰술

1. 호두는 마른 팬에 타지 않게 2분간 볶아서 고소함을 살린다.

2. 블랜더에 바나나, 우유, 호두, 꿀을 넣고 곱게 갈아 완성한다.

*엄마는 여기에 더치커피 50ml를 넣어 커피 바나나라떼로 즐겨도 좋다.

오로지

나 혼자만의

시간을 갖고 싶어

갑자기

예뻐지고

싶은 날

〈블링블링 석류소스 치킨스테이크〉

가을이 왔다. 20대의 가을은 쾌청하고 상쾌하고 무엇을 해도 좋은 계절이었다. 연애를 시작해도 좋았고 여행을 계획하기에도 아름다웠다. 하루하루 아침에 일어날 때마다 눈부신 햇살과 시원한 공기가 참 기분 좋았다. 포근하고 보드라운 겉옷을 걸치면 어딜 가든 발걸음도 신이 났다.

지금의 내 가을은 어떠한가. 심장은 십여 년 전 나처럼 텀블링을 뛰고 있는데 잠자고 일어나 가을 하늘 바라볼 겨를도 없이 싱크대 앞에 앞치마를 매고 서야 한다.

"엄마, 오늘 아침은 뭐예요?"

밤새 먹고 싶은 것을 꾹꾹 참았는지 눈 뜨자마자 저마다 먹고 싶은 것들을 주절주절 나열한다. 두 아이는 식욕이 대단하고 식성은 다르다. 큰아이는 면 요리를 제일 좋아하고 달걀 요리는 좋아하지 않는다. 둘째는 딱 그 반대이다. 한 배에서 낳은 두 아이가 어떻게 이리도 다를 수 있나 때마다 놀랍다. 오늘 아침도 각각 원하는 두 가지의 다른 메뉴를 제공했다.

늘 다른 두 가지의 메뉴를 해주는 것은 아니다. 오늘처럼 햇살도 좋고 컨디션도 좋은 굿모닝일 때만 베푸는 엄마의 아량이다. 가을은 말을 살찌게 한다는데 요즘은 내가 사람인지 말인지 모르겠다. 애들이 남긴 음식들이 끝도 없이 들어갔다. 가을은 아무래도 말보다 엄마들이 더 살찌는 계절인 것 같다. 거울을 보니 유명 커피 광고에 등장하는 분위기 좋은 가을 여자는 온데간데없고 그냥 추녀만 있다. 아침부터 저녁까지 하루 종일 시달리는 엄마라는 이름으로부터의 엑서더스가 필요했다. 좋은 엄마가 되기 위해 아름다운 여자가 되는 것을 포기하고 싶진 않다. 영락없는 아줌마지만 절대 아줌마라고 불리기 싫은 마음이라고나 할까?

엄마가 되면 왜 다들 화장기 없는 얼굴에 머리를 하나로 질끈 묶고 편한 옷만 입게 되는 거지? 게을러서? 우리가 게을러서 그렇다고?

아침에 일어나서 애들 씻기고 먹이고 입히고 어린이집을 보내면 대충 열 시다. 설거지하고 방이니 거실이니 화장실이니 청소하고, 빨래 돌리고 널고 개고 돌아서면 점심도 못 먹었는데 1~2시이고, 저녁 장을 보고 돌아와 애들 돌아오면 또 씻기고 놀아주고 저녁 먹이면 8시. 또 설거지하고 애들 책 읽어주고 이거 해달라 저거 해달라 장단 맞춰주다 보면 10시가 훌쩍 넘어간다. 이래도 우리가 게을러서 여자답지 못하다고 말할 수 있을까?

생각해보면 예쁘게 하고 만날 사람도, 갈 곳도 딱히 없다. 멋지게 꾸미고 싶지만 동기가 약하다. 큰아이가 다니는 어린이집에서 뮤지컬 분장을 위한 화장품을 준비해달라는 통신문이 왔다. 옆에서 한 엄마가 중얼거린다.

"색조 화장품 안 쓴 지 너무 오래됐는데 집에 있는지 모르겠네."

아침마다 출근하는 엄마가 아니라면 얼굴에 색조 화장

이란 걸 할 기회가 몇 번이나 있을까? 일 년에 뭐 한두 번? 그것도 누군가의 결혼식 아니면 돌잔치에 가기 위해서일 것이다. 경기가 좋지 않을수록 립스틱이나 매니큐어 판매량이 급증한다고 한다. 많은 여자들이 적은 비용으로 기분전환을 하고 싶을 때 선택하는 아이템이기 때문이다. 하지만 그건 미취학 자녀가 없는 여자들에게나 해당되는 이야기겠지, 육아하는 우리와는 거리가 먼 아이템들이다.

같은 동네에 사는 한 엄마는 언제나 멋지다. 아침에 아이들을 등원시킬 때에도 깨끗한 구두에 멋진 스커트 그리고 곱게 손질된 머리와 화사한 화장을 한 상태로 나타난다. 처음 그녀를 보았을 때는 아이가 하나겠지 생각했다. 근데 어라? 아이가 셋이란다. 그것도 아들만. 그녀는 7살, 5살, 3살 된 삼형제의 엄마였다. 그럼 일을 하시나? 그래서 늘 저리 차려입고 나오시나? 그런데 그것도 아니었다. 전업주부로서 아이들을 등원시키고는 너무 예쁘게 귀가하셨다. 그럼 집에 살림을 도와주는 아줌마가 있겠지? 그렇지 않고선 매일 다림질해야 하는 저런 블라우스를 항상 입고 다닐 순 없지.

"아줌마? 웬 아줌마~~ 우리 집에서는 내가 잡일 하는 아줌마야~."

혁 뭐지? 그녀는 외계인인가? 그녀는 본인의 스타일만큼 집도 언제나 반짝반짝하다고 소문이 자자했다. 하물며 그녀가 타고 다니는 승용차도 언제나 새차같이 말끔하여 도무지 세 아들이 타고 다니는 차라고는 믿을 수가 없었다. 뿐만 아니라 그녀는 거의 매일 자전거 하이킹을 다니고, 문화센터 강의도 듣고 지인들과 맛있는 음식을 사이에 두고 보내는 달콤한 시간들도 놓치지 않았다. 그녀를 알고 난 뒤 나는 "조금 못나게 하고 다녀도 괜찮아. 아직 어린애가 둘이나 있잖아?"라며 자기 합리화를 하는 게 불가능해졌다. 아들만 셋. 게다가 막내는 우리 둘째와 동갑내기. 자 이런 조건이라면 나도 그녀의 반의반만큼이라도 나에게 시간을 투자해야 하지 않을까?라는 생각이 스멀스멀 올라올 때쯤, 신랑이 다니는 회사 앞으로 아이들 손을 잡고 신랑을 만나러 갔었다.

그때 그 건물에서 나오던 수많은 아름다운 여성들, 단정한 머리에 예쁜 미소 그리고 늘씬한 몸매, 순간 회사 유리

벽에 비친 두 아이가 흔들어 대는 나를 보자 갑자기 우리 남편이 불쌍하게 느껴졌다. 같은 여자가 봐도 저리 예쁘고 당당한 여자들과 일을 하다가 집에서 편하게 있는(널브러져, 라고는 차마 쓸 수가 없다) 나를 보면 기분이 어떨까? 그때부터였다, 나중으로 미루었던 다시 여자로 돌아가기 프로젝트에 발동이 걸린 것이.

집 안팎으로만 뱅글뱅글 돌며 아이들과 하루하루 비슷하고 반복된 시간을 보내다보면 어느 순간 한없이 바닥으로 가라앉는 것 같고 초라해 보이고 의욕도 없어지는 때가 분명히 있다. 그럴 때 나는 '아냐, 이 정도면 나도 꽤 괜찮아'라고 억지로 타당한 이유를 만들어 덮어두기보다는 주변에서 나에게 자극이 될 만한 일이나 사람을 찾아 도약의 발판을 삼기로 했다.

나는 집으로 돌아와 일단 목이 늘어나고 무릎이 나왔음에도 불구하고 입었던 옷들을 모두 꺼내 버렸다. 아예 없어야 안 입지 있으면 자꾸 손이 가는 무서운 녀석들이다. 화장품들도 쭉 꺼내 놓고 쓰지 않는 것들을 모두 버리고 여기저기 서랍에서 뒹구는 액세서리들도 모두 정리했다.

그동안 빛을 보지 못했던 셔츠들도 아이들이 잠든 뒤 차곡차곡 다리기 시작했다. 그래도 성이 차지 않는다, 뭔가 더 변화가 필요해 미용실에 갔다.

"단발로 잘라주세요. 묶이지 않을 정도로요."

항상 손목에 고무줄을 걸고 다니며 축축했던 머리가 말랐다 싶으면 후루룩 묶어버리던 나였다. 사실 '고준희처럼 잘라주세요'라고 말하려 했지만 양심상 선뜻 그 이야기는 나오지 않았다. 막상 미용실을 가야지 마음먹은 뒤에도 사실은 한참을 망설였다. 어디로 가야 조금 더 싸게 잘 할 수 있을까? 여기저기 지인 추천 받은 곳에 전화를 해보고 블로그에 오른 정보들을 비교 또 비교했다. 그런 나를 보고 친정엄마는 답답해 하셨다.

"뭘 그렇게 고민해. 늘 하던 데 가서 하면 되지~."
"아냐 엄마. 이것 봐봐. 같은 파마인데 여기는 20만 원도 넘고 여기는 6만 원이면 한대."
"너는 애들 학원 보내고 책 사는 데는 돈 잘도 쓰드만. 일년에 한두 번 너 제대로 머리할 돈도 없냐?"

들고 보니 그렇다. 매달 사교육비 들어가는 것에 비하면 나를 위해 이 정도도 못 쓰랴 다짐했지만, 결국 나는 6만 원짜리 미용실로 향한다. 나에게 쓰는 돈을 아끼게 되다니 나 진짜 엄마가 되어가는가 싶어 피식 웃음이 나왔다.

어릴 적 해마다 커가는 우리 옷만 철마다 사다주시던 엄마가 가끔 당신의 옷장을 여시며 "에고 입을 옷이 없네~" 푸념 섞인 한숨을 쉬시면, '왜 엄마는 우리 옷만 사고 엄마 옷을 사지 않으실까?' 하고 궁금했다. 나라면 내 것을 제일 많이 살 텐데 라며… 그렇게 엄마의 행동에 갸우뚱했던 소녀가 어느덧 두 아이의 엄마가 되어 그때 엄마의 마음을 조금 이해하게 되었다. 그래도 간만에 머리도 새로 하고 다려진 옷을 입고 스카프도 가볍게 걸치니 그냥 사람 말고 여자가 된 것 같아서 기분이 좋아졌다.

임신했을 때 10개월간 미용실을 가지 못해 큰아이가 생후 6개월이 되었을 때 갑갑한 마음을 주체하지 못하고 그 어린 것을 안고 미용실을 찾았었다. 두 시간 정도 아이가 내 품에서 잠들어주면 아주 불가능한 일은 아닐 거라 생각했다. 그러나 그건 나의 큰 실수였다. 아기는 지독한 파마약과 염색약 냄새 때문인지, 시끄러운 소음 때문인지 울고 울고 또 울기 시작했다. 민폐도 그런 민폐가 없었다. 마땅한 곳이 없어 디자이너가 안내한 소파 위에서 아이의 기저귀를 가는데 그때 일하던 스텝들의 표정에는 '웬만하면 그냥 애랑 집에 있지?'라고 선명하게 쓰여 있었다. 결국 나는 친정엄마께 전화를 드렸고 외할머니 품에 안겨 아이는 집으로 돌아갔다. 그것이 아이와 함께 미용실을 찾은 마지막이 되었다.

또 모유수유하는 1년여 시간 동안은 원피스조차 입을 수가 없었다. 수유에 편한 옷들을 찾아 입다보니 원피스는 그림의 떡 그 자체였다. 쇼윈도에 걸린 멋진 옷들을 보면 '그래, 모유수유가 끝나면 맘껏 입을 수 있어'라며 위로했다. 아이들이 조금 더 커서 어린이집을 가면, 유치원을 가면 내가 나에게 해주고 싶었던 일들이 그렇게도 많았다. 하지만 정작 지금은 분명한 이유도 없이 편안함에 익숙해져 나에게 이리 느슨해지고 있다.

마음에 들게 머리를 하고 좋은 향을 살짝살짝 풍기며 넉넉한 고무줄 바지가 아닌 타이트한 스키니진을 입고 저녁 장을 보러 마트로 갔다. 흔한 된장찌개, 김치찌개 이런 거 말고 오늘은 뭔가 예쁜 요리를 하고 싶어졌다. 풍요로운

가을답게 풍성한 제철 식재료들이 가득한 그곳에서 나를
사로잡은 것이 있었으니 강렬한 붉은색이 매력적인 과일,
석류가 그것이다. 예로부터 여성호르몬과 유사한 천연 에
스트로겐이 풍부하여 여성의 아름다움과 부활의 상징으
로 여겨온 대표적인 과일로, 먹으면 당장 화사하게 예뻐질
것 같은 괜한 기대도 드는 과일이라 하니 오늘의 내 기분
과 딱 맞아떨어진다.

제법 묵직하고 껍질이 단단한 것으로 골랐다. 석류를 고
를 때는 색보다는 무게가 묵직한 것을 골라야 과즙이 풍부
해 훨씬 맛이 좋다. 보통 석류는 생으로 먹거나 즙을 짜 주
스로 즐기거나 차로 즐기기도 하지만 새콤달콤한 소스를
만들어 남편과 아이들이 좋아하는 고기 요리에 곁들여 풍
성하게 즐겨도 좋다.

석류는 요리를 하면서 한 알 한 알 떼어 톡톡 깨물어 먹
는 상큼함 매력 또한 있다. 오늘 내 부엌에서는 큼큼한 된
장 냄새나 짭조름한 김치 냄새는 나지 않는다. 큼큼한 콩
식용유 대신 사과향의 올리브 오일도 준비했다. 큰아이가
슬그머니 다가온다.

"뭐 만드는 거야?"

"응~ 석류로 맛있는 소스 만

들 거야. 이거 먹으면 예뻐지

는 과일이래."

"그래서 오늘 엄마 예뻐진 거야?"

어쭈. 제법이다. 이제는 빈말도 날릴 줄 알고.

행복이란 이런 것 같다. 나쁘고 힘든 일 하나 없이 좋은

일이 많은 것이 아니라 힘들고 지치는 일 가운데 좋은 일,

기쁜 일을 찾는 것.

한번 마음먹은 변화로 어색하지만 기분 좋은 긴장감이

오래 유지되긴 쉽지 않다. 분명 일주일 뒤에는 다시 화장

기 없는 얼굴로 다니고, 한 달 뒤에는 머리를 또 질끈 묶겠

지. 하지만 기분 전환이 필요할 때에는 아이들이 아닌 나에

게 관심을 갖고 변화를 시도해봐야겠다. 제법 효과가 좋다.

모두 잠든 사이 향이 좋은 초를 켜고 좋아하는 책을 읽거

나 아로마 오일을 떨어뜨린 욕조에서 음악을 들으며 반신

욕을 해도 좋겠다. 쓸 때마다 스스로에게 반한다는 잡티가

완벽하게 가려진다는 매직 CC크림을 사거나 저렴하면서

도 트렌디한 알록달록한 실 팔찌를 사도 좋겠다.

나는 두 아이가 스스로 할 수 있는 일이 제법 많아진 어느 순간부터 이젠 너무 열심히 육아만 하는 엄마는 되지 않기로 했다. 육아는 내 삶의 일부분이지 전부는 아니기 때문이다. 그동안 아이를 핑계로 내면과 외면 가꾸는 것을 게을리 했던 것이 아쉬움으로 남는다. 그때 나는 너무 황폐했던 것 같다. 나 자신을 위해 예전보다 조금 더 많은 시간을 보내고 난 뒤 스스로에게 좀 더 당당해지고 활기 넘치는 여자이자 엄마가 되었다.

내가 나를 사랑하지 않으면 이 세상 누구도 나를 사랑해 주지 않는다는 사실 우리 모두는 안다. 스스로를 위한 좋은 변화는 나에게도 나를 보는 가족들에게도 큰 선물이 된다.

엄마도

　　공부하고

싶어

〈브레인푸드 콩 견과류 바〉

"안녕하세요?"

이웃집 한 엄마가 엘리베이터 앞에서 반갑게 인사를 건
넨다. 얼굴은 알지만 그때마다 목례만 나누던 사이인데 반
갑게 인사를 건네주니 나 역시 말문을 열게 된다.

"네. 날씨가 점점 더워지네요."

교과서에서 배운 대로 날씨에 대한 인사를 건네다니 난
역시 틀에 박혔다.

"혹시 큰아이가 지난번 도서관에서 발표하지 않았어요?"

몇 주 전 집 가까이 있는 주민센터 작은 어린이 도서관에서 있었던 일을 이야기하는 것 같았다. "아… 네…" 하며 옅게 웃고 말았다. 사실 발표라기보다는 독서활동 후 질문에 대답 정도 하던 간단한 활동이었다.

"어린아이가 발표하던 게 귀여워서 기억에 남네요. 그럼 안녕히 가세요."

한번 얼굴을 터서일까. 그전까지는 몰랐는데 그 엄마와 두 아들이 자주 눈에 들어왔다. 큰아이는 초등학교 저학년쯤 되어 보이고, 둘째는 우리아이와 비슷한 또래인지 유치원 가방을 매고 왔다갔다 했다. 인상 깊었던 것은 늘 엄마는 책과 함께였다. 때로는 도서관에서 잔뜩 빌린 듯한 아이들의 책이었고, 또 어떨 때는 엄마를 위한 두꺼운 에세이기도 했다. 그 모습만 봐도 책을 좋아하는 엄마구나 생각이 들었다. 그래서일까. 늘 신경 쓰지 않는 수수한 옷차림에 화장기 없는 모습에도 그 모습이 참 아름다워 보였다.

단지 내 작은 공터에서 두 아들은 야구를 하고 있고 그 옆 벤치에는 엄마가 편한 아빠다리를 하고는 책장을 넘기고 있었다. 그 집 아이들이 책을 좋아할지 아닐지는 의심할 여지가 없어 보였다. 가수 이적의 엄마이자 여성학자로 알려진 박혜란 박사의 이야기가 떠오른다.

"절대 아이에게 공부하라는 말을 하지 않고, 먼저 공부하는 모습을 보여주어라."

개인적으로 육아서를 꽤나 많이 읽은 편이다. 그중 이건 뭐지 하는 것도 있었고 격하게 공감하며 읽었던 책도 있다. 박혜란 박사의 책은 그중 후자이다. 그녀의 책엔 무엇보다 이 시기에는 무엇을 해야 하고 어떤 책을 읽어줘야 하고 등등 투두리스트To do list들만 줄줄이 나열한 여느 육아 책들과는 달리 이럴 수도 있고 저럴 수도 있다는 낙천적이고 긍정적인 육아법이 담겨 있다. 읽는 이로 하여금 부담스럽지 않고 편안하게 다가왔다(무엇보다 어질러진 집이 아이의 창의력에 오히려 좋다는 부분에 '그죠? 그런 거죠? 저 청소 못한다고 나쁜 엄마인 거 아니죠?'라며 확 꽂힌 것 같기도 하다).

책 육아가 유행이다. 독서력이 곧 대입과 연결된다며 여기저기 학습지에서는 독서 프로그램을 추천하고 있고, 전집을 팔려는 영업사원들은 어린아이와 있는 아이 엄마만 보면 귀신같이 풍선 하나를 손에 들고는 따라붙는다.

놀러가는 집마다 벽면 가득 아동전집이 꽂혀 있고, SNS에는 값비싸고 유명한 전집 책들을 샀으니 '아이들아 맘껏 읽어주렴'이라고 소식이 올라오기도 한다. 어떤 엄마는 블로그에 아이가 그날 읽은 책들의 이름을 매일같이 줄줄이 올리기도 한다. 또 어느 독서왕을 키운 엄마는 거실의 도서관화를 외치며 집에 책은 많을수록 좋다고 강조하고 또 강조하기도 한다.

내 어린 시절 우리 집은 유리문이 달린 책장 안에 여러 종류의 전집들이 빼곡했다. 하지만 그 책들보다 내가 서점에 가서 골라온 책, 도서관에서 빌려온 책들이 아직도 기억에 많이 남는다. 전집에 큰 흥미를 못 느꼈던 터라 나 역시 큰아이를 낳고 전집은 절대 사지 않겠노라고 마음먹었다. 하지만 산후조리원에서부터 시작된 전집 영업사원들의 세미나와 주변 엄마들이 추천하는 꼭 필요한 전집에 귀가 팔랑이더니 집에 책이 너무 없는 거 아니냐며 선물로

배달된 전집들, 또 주변에서 물려받은 전집들로 이내 우리 집은 전집들에게 슬금슬금 점령당했다. 물론 전집들이라고 해서 꼭 나쁜 것만은 아니었다. 자연관찰 책이나 위인전은 아이가 궁금한 내용이나 사건이 있을 때마다 그때그때 찾아 읽을 수 있어 잘 활용하고 있다.

하지만 창작책의 경우, 무더기로 오는 책 가운데는 그림이 아이 취향에 맞지 않거나 내용이 엉성한 것들이 제법 많았다.

아이들에게 아침저녁으로 책을 읽어주려고 노력을 한다. 다행히 지금도 두 아이들은 책 읽는 것을 좋아하는 편이다. 그렇다고 누군가처럼 하루에 30~40권을 읽는 정도는 아니다. 그림 그리는 것도 좋아하고 놀이터에 나가 노는 것도 좋아하고 집에 오면 만화영화나 DVD를 보는 것도 즐긴다. 오다가다 바닥에 너부러져 있는 책을 펼쳐 읽는 게 대부분인데(따라서 난 늘 아이가 관심 있어 하는 주제의 책이나 읽었으면 하는 책들을 소파나 바닥에 일부러 흩뜨려 두곤 한다) 하루에 읽는 책은 대략 10권 안팎이다.

한때는 아이의 독서량을 다른 육아블로거들 아이와 비교하며 부족하다고 여긴 적이 있었다. 그러면 한동안 나는 만화영화도 보여주지 않고 블록놀이도 하지 않고 계속 쫓아다니며 '책 읽자, 우리 책 읽을까?'라며 독서를 권유했었다. 처음에는 아이들도 엄마가 책을 읽어주니 즐거워했지만 며칠을 쫓아다니며 틈만 나면 책 읽을까?를 외쳤더니 슬슬 다른 놀이를 하자며 역제안을 하곤 했다.

반면 수업 준비를 하면서 펼쳐드는 게 대부분이지만 내가 책을 보고 있으면 두 아이도 곧 책을 한 권씩 찾아 들고는 내 옆으로 와 앉는다. 글씨만 빼곡한 내 책들을 궁금해하더니 앞뒤로 뒤적여보다가 이내 흥미를 잃고는 자기 책으로 돌아간다. 많은 책을 벽면에 가득 채우는 것보다 더 강력한 독서환경이 엄마로 인해 조성되는 순간이다. 최근에 나는 수백 권에 달하는 책들을 기증하고 물려주며 집 밖으로 보냈다. 좋은 독서 환경이 꼭 많은 책이 있어야 만들 수 있다는 생각이 바뀌었기 때문이다.

지금 우리 집 책장은 텅텅 비었다. 지금은 좋아하지 않지만 언젠가는 읽겠지,라며 쌓아두었던 책들이 대부분이었다. 필요한 책은 그때마다 도서관에서 빌려 읽으면 된다고 생각하니 책장 비우기가 수월했다. 최근에는 한 달에 20~30권씩 여러 책들을 온라인 도서대여점을 통해 빌려

읽히고 있다. 늘 집에 있는 책이 아니니 아이들도 더 흥미를 가지고 읽는 것 같고 오히려 다방면의 책을 접하니 읽어주는 나도 신이 난다.

저녁을 먹고 남편의 늦은 퇴근을 기다리며 책을 한 권 꺼내들었다. 책값은 아끼지 말라는 친정아버지 말씀에 책은 부지런히 샀지만 결국 끝까지 못 읽었던 책들이다.

요즘은 넘치는 정보에 아이들에게는 책을 읽으라고 하면서 옆에서 스마트폰으로 정보를 찾고, 대중교통이나 약속장소에서도 짧은 독서 대신 스마트폰 게임으로 무료함을 달래는 부모들이 많다. 책 읽는 엄마를 보고 자라지 않는 아이가 책을 가까이 할 수 있을까?

물론 아이들 보여주기 식으로 엄마들 독서를 권하는 건 아니다. 하지만 엄마들은 아이들에게 좋은 영향을 끼친다면 무엇이든 도전할 준비가 되어 있으니까, 독서가 익숙지 않은 엄마들에게는 아이의 독서 습관을 위해서라도 먼저 책을 읽으세요! 가 자극이 되고 도전의 이유가 될 수 있을 것 같다.

아이가 태어나 젖을 먹고 이유식을 하고 걸음마를 시작하기까지 심신이 지쳤던 엄마들이다. 그랬던 아이들이 어느새 커서 엄마들에게도 조금의 여유가 생기기 시작했다. 여전히 눈코 뜰 새 없이 바쁜 육아 일상이지만 아이들이 커가면서 틈틈이 다이어트를 시작하거나, 네일 케어를 받거나, 미용실을 가거나 옷차림이 눈에 띄게 세련되게 변한 엄마들도 주변에 적지 않다.

하지만 외적인 아름다움만큼 내적인 아름다움을 쌓아가고 있는 엄마들을 더 응원하고 싶다. 놓아버렸던 공부를 다시 시작하고, 읽고 싶던 책들을 꺼내 읽고, 자격증에 도전하는 주변 엄마들의 모습들이 참 멋지고 섹시하다.

나 역시 그간 육아 서적과 식문화 관련 서적만 골라 읽던 습관을 고쳐보기로 결심했다. 시간이 없다는 핑계로 나에게 꼭 필요하다고 여긴 책들만 골라 읽었던 것이 습관이 되어버렸다. 거기에 또 하나 더하자면 나를 위한 투자로 하루에 20분 전화영어를 신청했다. 결혼을 하고 아이를 키우며 고작 해외여행 시에만 짧게 썼던 영어들이 너무 아쉬워서다. 매일 아침 7시 30분에 통화하는 나를 보더니 아이들도 옆에서 외계어처럼 한두 마디씩 따라하며 자기들끼리 히죽히죽 웃는다. 영어로 통화하는 엄마를 처음 본 큰아이는 너무 신기해하며 수화기에 귀까지 바짝 갖다 대곤 했다.

우연인지 모르겠지만 1년간 영어학원은 일주일에 이틀씩 다니면서도 좀처럼 스피킹이 되지 않아 애를 태우던 큰아이가 내가 영어 공부하는 것을 보고 듣더니 자기도 영어로 대화하려고 시도하는 횟수가 눈에 띄게 늘었다. 그렇게 몇 개월이 흘렀고 나를 위한 작은 투자가 이제는 하루 중 별빛 같은 순간이 되어 반짝거린다.

물론 다시 책을 읽거나 공부를 시작하는 것이 결코 쉬운 일은 아니다. 나 역시 둘째를 낳고 나니 깜박깜박하는 것도 심해지고 심지어는 우리 집 비밀번호가 생각이 나지 않아 신랑에게 SOS 전화를 한 적도 있다. 우스갯소리로 "난 아이와 함께 뇌를 낳았나봐. 뇌가 호두만 해진 것 같아"라며 스스로를 한심해한 적도 있다. 대부분 출산 후 건망증은 12개월이 지나면 조금씩 나아진다고는 하는데 출산한 지 만 4년이 다 되어가는데도 아직까지 예전의 기억력을 회복하려면 먼 것 같다.

출산 후 건망증은 여성호르몬인 에스트로겐과도 밀접한 관계가 있다고 한다. 출산 후 이 에스트로겐의 분비가 적어질수록 집중력이 저하되는데 이는 수면시간이 짧거나 아이 때문에 수시로 잠에서 깨는 등 양질의 수면시간을 갖지 못하면서 새로운 기억의 생성과 유지에 필요한 뇌의 해마 기능이 떨어져 더 심각해진다고 한다. 이럴 때일수록 뇌 활동을 자극하는 독서활동이 무엇보다 좋은 수단이라고 하니 머리에 안 들어와도 노력은 해볼 만하겠다.

이 에스트로겐 수치를 올려주는 식재료를 꾸준히 먹는 것도 도움이 된다. 자두, 석류, 칡, 콩 등이 대표적인 에스트로겐이 풍부한 식재료이다. 그중 콩은 밭에서 나는 고기라고 불릴 만큼 두뇌 발달과 성장에 도움이 되는 양질의 단백질이 풍부하고, 특히 기억력과 집중력에 도움을 주는 콜린과 레시틴이 다량 함유되어 있다. 또한 콩을 씹는 과정에서 뇌를 자극해 두뇌 발달에도 도움이 되니 먹지 않을 이유가 없다. 밥에 섞인 대여섯 알의 콩은 다행히 잘 먹는 아이들이지만 콩만 한 수저 떠먹지는 않을 아이들을 위해 곰곰 생각하다 냉동실에 있는 말린 과일과 견과류를 모두 꺼냈다.

콩은 불려 끓는 물에 삶아 식히고, 견과류는 고소함을 살리기 위해 마른 팬에 볶았다. 그 고소함이 집안에 퍼졌다.

큰아이는 호두를 보더니 "어! 이거 뇌랑 모양이 비슷해서 머리에 좋다고 선

생님이 말씀하셨는데?"라며 요리조리 돌려본다. 오호라! 콩에 호두까지 이거 완전 브레인푸드네!

보글보글 끓기 시작한 올리고당에 견과류와 콩, 그리고 아이들이 좋아하는 씨리얼을 한줌 넣어 판에 부어 굳혔다. 먹기 좋게 한입 크기로 잘라 두니 건강한 간식거리 완성이다. 늘 출출해하는 아이들 간식으로도 좋고, 공부하며 책 읽으며 입에 넣고 오물거리기도 좋다. 게다가 두뇌에 좋은 식재료를 한 덩어리로 모아놓은 셈이니 왠지 먹으면서도 뿌듯하다.

동절기에는 실온에 두고 먹어도 상관없지만 하절기에는 냉장고에 보관하는 것이 먹기 편하다. 넉넉히 만들어 하나하나 유산지에 곱게 싸니, 다시 내가 배움의 즐거움을 느낄 수 있도록 동기를 제공한 이웃집 아이들과 엄마가 생각났다.

짧은 편지를 써 큰아이를 시켜 심부름을 보냈다. 며칠 뒤 우리 집 우체통에는 곱게 포장된 책 한 권이 꽂혀 있었다. '우리 멋진 엄마가 되어보아요'라는 메시지와 함께.《인생에서 가장 중요한 7인을 만나라》책 선택도 절묘했다.

내가 살면서 내 인생을 변화시킬 몇 명의 사람을 만나게 될지는 모르겠다. 하지만 중요한 것은 우연히 인사를 나눈 이웃으로부터 좋은 가르침을 발견하고 고요하고 조용하게 변해가고 있다.

많은 엄마들도 아이들처럼 끊임없이 읽고 공부하면 좋겠다. 아이들을 가르치는데 도움이 되는 외국어 공부도 좋고, 목표가 필요하다면 가베나 아동 미술 교사 자격증, 동화구연 자격증, 종이 접기 자격증 등도 좋을 것 같다. 취업으로 연결이 될 수도 있고 자녀들 육아에도 도움이 될 테니 일석이조이다.

도전은 젊고 시간이 많은 사람들만의 것이 아니다. 도전하고 노력하는 엄마 곁에는 그 모습을 그대로 모방하는 사랑스러운 아이들이 있다는 걸 다시 한 번 생각해보자.

왜 내가 힘든 걸

아무도 알아주지

않지?

〈기분업 카프레제 샐러드〉

공치사나 자기 자랑을 낯간지럽다고 생각했었다. 무슨 일을 했던지 내가 성과를 냈다면 상대가 자연스럽게 알아줄 것이라고 여겼다. 하지만 30대 후반을 향해 달려가는 요즘 성과는 말하지 않으면 사라질 수도 있다는 것을 절실히 깨닫고 있다.

사회생활을 할 때 업무성과는 팀의 위상이나 강좌의 인기도, 조직 내 파워 등을 결정했다. 사람마다 조직마다 성과 측정 방법이 다르지만 어쨌든 성과를 측정하는 상대가 내 성과를 제대로 파악하지 못하면 그건 성과가 없는 것과 같았다. 남자들은 자기가 잘한 일을 말로 표현해서, 때론 더 부풀려서 성과를 적절히 평가받아야만 서열이 올라간다는 것을 자연스럽게 체득하는 것 같다. 세 명만 모여도 내가 왕년에 어땠는지 퍼레이드가 이어진다. 이러한 환경에 익숙한 남자들은 자신의 사소한 업적까지 과장될 정도로 알리는 것을 망설이지 않는다.

하지만 여자는 어떠한가? 전형적인 어머니상만 떠올려 봐도 알 수 있다. 말없이 일만 열심히 하는 것을 미덕으로 생각했다. 주변의 칭찬이나 찬사를 손사래를 치며 거절하는 것만 보아도 생색내는 것 자체를 불편해한다.

전업주부로 충실하게 육아와 가사를 도맡아 하고 있지만 경제적인 능력, 즉 물질적 성과가 없다는 이유로 가정에서 위축되어 있거나 본인을 위한 투자를 가족들에게 미안해하는 엄마들이 의외로 많다. 아이들과 남편에게는 철마다 새 옷을 마련해주고, 아이들 전집 한 질 더 늘리는 것은 당연하다고 생각하면서도, 내 머리핀 하나 사려면 몇 번을 들었다 놨다 하고 한 달에 3만 원 하는 구민회관 문화센터도 망설이고 또 망설인다.

결혼은 정말 여자에게 희생만을 요구하는 것일까? 왜 열심히 하려고 노력하는데 성과는 보이지 않고 스스로 자꾸 작아지는 걸까.

"여보! 베이비시터가 한 달에 얼마 버는 줄 알아? 자그마치 150만 원이야. 그리고 가사도우미는 하루에 6만 원이래. 내가 집에서 살림하고 아이 키우는 것만 해도 한 달에 300만 원을 버는 것과 같다는 거지."

그게 말이냐 똥이냐 하는 표정으로 날 쳐다보는 남편 얼굴에서 어이없음이 느껴졌다. 그러거나 말거나 난 오늘 내가 한 업적을 줄줄이 나열한다.

"오늘 화장실이 좀 깨끗하지 않아? 여보, 베란다 좀 나가봐. 내가 싹 정리했거든~."

그제야 남편은 입을 뗀다.

"그러네… 깨끗하네."

썩 만족할 만한 반응은 아니지만 그래도 그 이야기 한마디에 여자는 내가 오늘 이룬 노동의 성과를 인정받은 것이 된다.

하지만 만일 "당신만 집에서 일했어? 나도 밖에서 얼마나 힘들게 일하는 줄 알아?"라고 한다면? 여자는 씩씩거리며 한바탕 불꽃을 터트린 뒤 SNS에 사진 한 장을 올린 뒤 위로와 인정을 찾으려 할 테지.

[간만에 베란다 정리. 깨끗하진 내 마음]

특히 애 엄마들의 대표 SNS, 카카오스토리는 육아보고서라고 불릴 정도로 시시콜콜한 엄마 이야기들이 줄지어 올라온다. 아이와 무엇을 하며 놀아주었는지, 어디를 데리고 갔었는지, 어떤 핫아이템을 구입했는지 등등. 그러면 그 소식들을 읽은 주변의 많은 사람들이 들리지 않는 칭찬의 글을 줄줄이 적어 응원한다. '정말 멋진 엄마구나!' '아이 신발 어디서 샀어? 너무 예쁘다.' '오늘 정말 행복한 하루 보냈겠다!' 등등.

엄마들이 SNS를 자꾸 찾게 되는 이유는 이 댓글들이 바로 본인의 성과로 느껴지기 때문이다. 나 역시 한동안은 꽤

나 열심히 SNS에 일기도 쓰고 하루도 보고하며 살뜰히도 소식들을 올리곤 했다. 내 인생이 재미없고 식상하고 건조하다 느껴질 때면 내 일과의 하이라이트만 뽑아 올린 나의 SNS을 되돌려보며 '그래도 이 정도면 행복한 일상이군!'이라며 스스로를 다독였다.

가족이든 지인이든 내 이야기를 들어줄 누군가에게 중간보고를 열심히 하고 결과에 대한 자기 소회를 밝혀 성과를 알리는 것이 활기찬 육아를 하는데 효과를 볼 수 있는 건 확실했다. 그것은 내가 육아를 하고 가사 일을 하는 데 응원 집단처럼 나를 지지해주곤 했으니까.

하지만 무수히 많이 올라오는 '나 잘살고 있어'라는 글들이면엔, 하루를 마무리하려고 누웠을 때 난 오늘 정말 잘했어!라고 으쓱해하며 잠드는 엄마들이 몇이나 될까? 대다수의 엄마들은 내가 아이에게 잘해주지 못한 것, 가사에 신경 쓰지 못한 것에 대한 죄책감으로 스스로에게 낮은 점수를 매기며 더 나은 내일을 기약하며 잠이 든다. 성과를 너무 크고 대단한 것에서 찾으려고 한 탓이다.

집이 인테리어 책에 소개된 누군가의 공간처럼 화려하고 깨끗해야만 하는 건 아니다. 내 아이가 카페 글에 소개

된 누군가의 아이처럼 발달이 빠르고 사회성이 좋아야만 내 육아의 성과가 있는 것 또한 아니다. 어제 쓴 그릇들이 깨끗하게 설거지되어 있는 것도, 화장실의 다 떨어진 휴지가 새것으로 바뀌어 있는 것도, 옷장 속 티셔츠들이 깨끗하게 빨래되어 있는 것도 모두 작지만 소소한 내 성과이다.

우리 아이들, 작년에 비해 키도 몸무게도 훌쩍 늘었고, 종알종알 할 줄 아는 말도 점점 많아지고 있다. 네 발로 기던 아이는 어느새 두 발로 점프를 하고 있고, 이젠 제법 엄마의 마음을 헤아리는 감동스러운 말을 던지기도 한다.

내 성과를 수시로 깨닫고 발견하고 뿌듯해하는 것도 능력이다. 작은 것에서부터 나의 성과를 찾고 자존감을 높이려는 노력이 필요하다. 그런 작은 노력도 하지 않은 채 나는 이렇게 잠도 못 자고 밥도 못 먹고 고생하는데 아무도 알아주지 않는다며 불평만 하면 투덜이 이미지만 생긴다.

내 성과가 점점 눈에 보이고 드러난다면 이제는 그에 대한 보상을 해줄 때이다. 때마다 멋진 선물로 보상을 해주는 남편이 있다면 무엇보다 뿌듯하고 으쓱하겠지만 당신의 남편은 어떨지 몰라도, 일단 나의 남편은 그것과는 거리가 멀다. 성과를 대단한 데서 찾으면 기운 빠지고 보상을 커다란 것으로 기대하면 실망스럽다.

한 엄마가 말한다.

"나는 한 달에 한두 번 정도 아이 옆에서 잠들기 전에 얼굴에 냉장고에서 시원하게 꺼낸 시트팩을 붙여. 그럼 그 시간만큼은 정말 편안해. 그게 내가 나에게 해주는 작은 사치야."

보상이 꼭 물질적인 것으로 이루어져야 하는 것은 아니다. 늘 30초 린스로만 끝내던 머리를 3분간 트리트먼트로 끝내고 한결 부드러워진 머리를 말리며, 그래 난 오늘 고생했으니 이 정도 보상은 해줘야지라며 흡족해할 수도 있다. 한 달에 한 번 정도 아빠에게 아이를 맡기고는 친구들과 차 한 잔 마시며 한 달 동안 열심히 살았으니 오늘은 '자유부인 놀이'할 거라며 스스로를 토닥여도 좋다.

나는 결혼하고 나서부터 향기에 큰 의미를 부여하기 시작했다. 화장실만 들어가면 밖에서 보채는 아이들 때문에 세수하고 바르는 스킨로션도 미루고 아이를 들쳐 안던 시절, 샤워를 마치고 물기도 다 못 닦고 아이 울음소리에 뛰쳐나왔던 게 도대체 몇 번이었는지 셀 수도 없다. 그러니

그 시절 비누를 모두 헹구고 여유롭게 바디로션까지 바를 시간이 주어진다는 것은 한 달에 몇 번 있을까말까 한 호사 아닌 호사였다. 그렇게 운 좋게 터덕터덕 발라놓은 바디로션 향기가 몇 시간이 지난 뒤에도 살짝살짝 코끝을 스치면 나도 아직 여자구나를 느낄 수 있어서 그렇게 기분이 좋을 수가 없었다.

또 하나 나를 위한 향기로운 보상은 남편이 좋아하는 구수한 된장찌개나 아이들이 잘 먹는 담백한 계란말이 대신 나를 위한 음식을 만드는 것이다. 풀 가득한 샐러드 한 접시에도 기분 좋게 배가 부르고, 허브향 솔솔 나는 파스타 한 접시를 여유롭게 먹던 적이 있지 않았는가? 내 기분을 업시키는 향기롭고 보기 좋은 음식, 그러나 절대 나를 피곤하게 만들지 않을 만한 음식, 무엇이 있을까?

지중해의 아름다운 섬 이탈리아 카프리 섬의 해변에 위치한 트라토리아 다 빈센조 레스토랑에서 식사를 배불리 맛있게 하면서도 비키니를 멋지게 소화할 만큼 멋진 몸매를 유지하려는 여자들을 위해 개발했던 메뉴가 있다. 솔깃한가? 간단하고 저칼로리의 영양가 있는 맛있는 요리라니!

바로 이탈리아 국기의 삼색과
같은 하얗고 부드러운 모차렐
라 치즈와 달달한 향기가 가득한
초록빛 바질 그리고 달콤하고 신선한 붉은색 토마토가 어
우러진 샐러드, 바로 카프레제 샐러드이다. 요즘은 마트에
서도 어렵지 않게 구할 수 있는 쫀쫀한 모차렐라 치즈를
듬성듬성 잘라 향긋한 바질을 한 잎 한 잎 따 올린 뒤 탱탱
하고 부드러운 토마토를 잘라 접시에 예쁘게 담기만 하면
끝! 지지고 볶지 않아도 되는 건강한 음식이라니!

만드는 법도 간단할 뿐만 아니라 여기에 향이 좋다는 뜻
을 지닌, 포도를 발효시켜 만든 발사믹 식초를 이용한 드
레싱까지 곁들이면 브런치 카페에서 먹는 그 향긋한 샐러
드가 내 눈앞에 딱이니 두 손 모아 어깨를 으쓱거리며 스
스로에게 감탄할 일만 남았다.

요리라고 할 것도 없는 음식을 준비해 자리에 앉았다. 짠
내 나는 간장 향도, 끈적끈적한 식용유 향도 나지 않는 부
엌이 조금 낯설다. 이게 끼니가 되냐며 신랑은 냉장고를 다
시 열어 뒤적거지만 나는 양쪽 엉덩이를 들썩거리며 의자
를 당기고 식탁 가까이 앉았다.

"음! 애들아 맡아봐. 냄새가 진짜 좋아!!"

그러자 큰아이가 말한다.

"엄마, 이렇게 좋은 건 냄새가 아니라 향기라고 해야 하는 거야."

토마토와 바질, 모차렐라 치즈를 켜켜이 포크에 꽂아 한입에 넣으니 고 향이 코끝까지 간질거렸다. 어쩌다 내가 먹고 싶은 것을 만들어 먹는 것이 나를 위한 호사가 되었는지 이런 내가 짠하다. 늘 끓이는 된장찌개에 비해 치즈며 바질을 사느라 재료비는 많이 들었지만 오늘 하루, 아니 이번 한 달도 고생한 나를 위한 한 접시 요리에 그래 이정도쯤이야! 이게 행복이지 끄덕인다. 토마토에 발사믹 드레싱을 듬뿍 적셔 오물거리는 아이들이 날 보고 웃고 있다.

"엄마, 이런 거 먹어서 행복해?"
"응! 그리고 너희들이 웃으니까 더 행복해."

150

요 두 녀석이 그 어떤 보상보다 나를 일으켜 세울 수 있는 힘이 된다.

군이 말하지 않아도 알 거라 생각하면 오산이다. 물론 누구나 허풍이나 공치사, 과장된 자기 홍보는 싫어하지만 내가 한 일을 아무도 알아주지 않는다는 생각이 드는 것만큼 억울하고 힘 빠지는 일도 없다.

은근슬쩍 남편에게 "여보, 내가 오늘 여보 운동화 빨았어!" 등의 적당한 성과 알림은 필요하다(그도 내가 집에서 뭐 하고 지내는지 궁금해하고 있을지도 모르지 않는가!). 그리고 그에 대한 보상은 신속하게 즉각적으로 스스로에게 해주도록! 남편에게만 기대하다간 어제보다 내 목만 늘어나 있을지도 모른다.

비 오는 날엔

감성적이고

싶어

<감성 베이컨 부침개>

비가 오면 참 좋았다. 방에 누워 이불을 휘휘 감고 늘어져도 하늘에 미안하지 않아서 좋았고, 한껏 흐린 하늘에 한낮에 잠을 자도 눈이 부시지 않아서 좋았다. 가끔 천둥이나 번개가 치면 이때쯤인 걸 알면서도 흠찔흠찔 놀라는 게 지루하지 않아서 좋았고, 추적추적 빗소리가 마음에 쌓이면 편안해서 좋았다.

"아… 비가 많이 오네……."

하지만 엄마의 비오는 날 아침은 다른 이들의 아침보다

훨씬 더 바빠진다. 비가 오는 날은 아이들의 장화도 꺼내고 우비도 챙겨야 한다. 치렁치렁한 긴 엘사 드레스를 꼭 입겠다는 작은아이를 어르고 달래 근근이 땅에 끌리지 않는 레깅스를 입히면 아들은 하필 오늘 공놀이를 꼭 하고 싶다며 친구들을 불러달라고 한다. 우산까지 하나씩 챙겨 들고 나면 나가기도 전에 현관이 꽉 찬다.

비 냄새만큼 사는 냄새 가득한 아침이 시작되었다. 아이들에게 '우산 똑바로 써야지' '물웅덩이에서 장난하지 말고' '비 맞으면 감기 걸려'를 연속으로 돌림 노래를 부르며 빗길을 걸어걸어 갔다. 한참 후에야 내 신발이 흠뻑 젖은 걸 깨닫게 된다.

나도 비가 오면 비오는 대로 멋을 내고 싶어서 무릎까지 오는 긴 장화를 산 적이 있다. 그러나 신고 벗는 게 영 성가셔서 이제 그 장화는 주말 농장하시는 옆집 아주머니 밭일용이 되었다.

이런 날씨에는 거실 바닥이 발에 쩍쩍 붙고 빨래는 꿉꿉하고 영 기운이 안 난다. 어린 두 아이와 늘 함께인 엄마에게 비오는 날은 난처한 날이다. 내 몸도 바닥으로 바닥으로 쳐지는데 아이들은 집안에만 있으니 에너지가 하늘로 하늘로 오른다.

스물둘셋쯤 되었을 때이다. 어디론가 한참 차를 타고 가는데 그날은 비가 참 많이도 내렸다. 차 안에 앉아서 라디오와 빗소리를 들으며 커피를 마셨었다. 정말 그런 여유로운 나날들이 나에게도 있었나 떠올라 비가 들이쳐 새시가 더러워지는 게 싫어 닫고 있던 창문을 슬그머니 열었다. 비가 오는 모습은 경쾌하고 빗소리도 제법 리듬감이 있다. 한참을 창밖을 바라보고 있자 큰아이가 묻는다.

"엄마, 비 좋아해?"
"응. 그럼."
"특히 이렇게 비오는 날 집!에! 있!는! 걸! 좋아해."

행여 또 나가자 할까 봐 나뭇가지처럼 똑똑 떨어지는 말투로 또박또박 대답했다.

"와! 엄마가 좋아하는 비다! 비가 내린다! 많이 내려라!!"

큰아이가 덩실덩실 춤을 추며 내리는 비를 응원하는 모

습을 보고 있자니 조금 피곤해도 이 한 몸 희생해주마, 선한 마음이 절로 생겼다.

오랜 시간이 흘러 우리 아들이 어른이 되었을 때 자신의 아이와 비를 보다가 '우리 엄마가 비 좋아했는데' 하고 생각하게 될까? 항상은 아니어도 나 역시 가끔은 비를 보며 돌아가신 아버지 생각을 하듯이 말이다. "아빠는 용띠라 비를 좋아한다"라던 아빠 목소리가 스쳐지나가는 날이다. 오늘 나와 함께 비 구경을 한 우리 아들에게도 살다보면 그런 날이 있을 것이다.

"애들아, 우리 그림 그리러 갈까?"

여느 엄마들과 마찬가지로 나에게도 의무감이 존재한다. 예를 들어 아침밥은 꼭 먹어야 한다는 의무감, 자기 전에는 동화책을 읽어 주어야 한다는 의무감, 주말에는 나들이를 가야 한다는 의무감 같은 것들 말이다. 그리고 또 하나, 아이를 심심하게 만들지 말아야 한다는 의무감이 있다. 날이 더우면 더운 대로, 눈이 내리면 눈이 내리는 대로, 비가 오면 또 비를 즐길 수 있는 무언가를 찾아줘야 한다는 생각이었다. 비가 오는 날 우리는 욕실 타일 가득 그림을 그리거나, 우비를 입고 장화를 신고 밖으로 나가 젖은 흙바닥에 나뭇가지로 마음껏 그림을 그린다. 1분이면 그림은 비에 다 씻겨 흔적도 없이 사라지지만 비 오는 날 아이와 함께하기에 이만한 놀이도 없다.

그렇게 빗속에서 실컷 놀고 집으로 돌아와 두 아이까지 씻기고 나면 나는 하루 종일 물에 젖어 있는 것 같은 기분까지 들었다. 나의 의무를 다한 것 같은 뿌듯함, 그러나 또 한 가지 할일이 남았다.

"엄마, 배고파."

놀았으니 허기진 아이들은 간식거리가 없는지 연신 냉장고 문을 열었다 닫았다 한다.

"비가 오는 날은 부침개지!!"

그러자 아이들이 묻는다.

"왜 부침개야?"

추적추적 비가 오는 날 부침개와 막걸리를 먹는 것 역시
한국 사람에게는 의무라는 걸 아이들은 신기해했다.

"글쎄, 왜일까?"

우리 몸에 신경 전달 물질인 세로토닌은 일조량이 줄면
줄어든다고 한다. 밀가루 음식에는 이러한 세로토닌이 많
아 비오는 날 세로토닌이 많은 밀가루로 만든 음식을 먹으
면 처진 기분을 끌어올려줄 수 있다. 따라서 '이 엄마는 지
금 방전 직전이니 밀가루 음식이 마구 당긴다!'라고 말하고
싶지만 아이들에게는 좀 더 감성적으로 다가가기로 했다.
커다란 볼에 밀가루를 붓자 아이들은 벌써 신이 났다. 물
에 씻은 김치를 썩둑썩둑 자르고, 자그마한 칵테일 새우를
넣었다. 작은아이는 옆에서 "베이컨도 넣었어? 베이컨도 넣
어죠" 한다. 그래! 인심 쓰듯 아이들이 좋아하는 재료들을
아낌없이 넣고는 거품기로 휘휘 저어준다. 무엇이든 넣어
도 겉돌지 않고 반죽이 감싸 안는다. 이게 부침개의 또 다

른 매력이다. 기름을 충분히 두른 팬을
자글자글 달궈 묵직한 반죽을 한 주걱
떠올리자 차르르르 가장자리부터 노릇

하게 익기 시작한다.

"잘 들어봐. 무슨 소리 같아? 부침개 굽는 소리가 비오는
소리랑 비슷하지?"

아이들은 두 눈을 감았다가 곧 실눈을 뜨고는 자기들끼
리 키득키득거린다.

"정말 그래! 오! 비오는 거 같아! 장마 같아! 오오!"

호들갑이 나를 닮았다.

무엇을 넣는냐에 따라 해물부침개, 부추부침개, 김치부침
개, 녹두부침개까지 종류도 다양하고 둥그렇게 모여 앉아
여럿이 젓가락으로 쭉쭉 찢어 먹어도 양이 적지 않다. 화려
하진 않아도 참 넉넉하고 정이 있는 음식이다.

옛날에는 비가 오면 농사일을 잠시 쉬고 며칠씩 집에 머

물었고, 그때 우리 조상들이 많이 해먹었던 요리 또한 여러 종류의 지짐이, 즉 부침개였다고 하니 비가 오면 집에 어찌할 바 몰랐던 건 예나 지금이나 같은가보다.

서양의 팬케이크, 일본의 오코노미야끼 그리고 베트남의 반세오까지 모양이 비슷한 여러 가지 부침 요리들이 같은 맥락에서 탄생한 게 아닐까 혼자 생각해본다.

'비오는 날=부침개'처럼 오랜 시간 공식 같은 요리가 몇이나 될까? 어린 나에게 우리 엄마도 이 음식을 해주셨고, 엄마의 엄마 역시 비가 오는 날은 기름 두른 넉넉한 팬에 이것저것 지글지글 구워내셨을 것이다. 부침개는 화려한 음식이 아니다. 특별하지 않은 재료에 밀가루를 풀어 부치는 대표적인 엄마 음식이다. 엄마 빈대떡, 엄마 부치미, 엄마 파전집, 유난히 엄마 이름이 많이 붙는 상호에서도 알 수 있다. 또한 부침개는 위로의 음식이기도 하다. 종로의 한 유명한 부침개 집은 슬프게도 경기가 불황일 때 매출이 좋다고 한다. 주머니가 궁핍해진 사람들이 허하고 지친 마음을 달래러 술잔과 함께 곁들인 음식인 셈이다.

둥그런 부침개를 한 장 두 장 구워 먹고 나니 고소한 기름 냄새가 온 집 가득 퍼졌다. 입 주변이 반들반들해진 아이들을 끌어안으니 고 작은 입에서도 고소한 향이 솔솔 풍긴다. 날씨따라 가라앉았던 노곤함이 음식과 요 녀석들로 위로가 된다.

이제 곧 다시 구름이 걷히고 따스한 햇살이 찾아올 것이다. 쨍한 날씨에 발맞춰 몸과 마음이 다시 추슬러지면 비오는 날 집에서 빙 둘러앉아 먹었던 오늘의 음식이 슬그머니 떠오르는 여유조차 없을지도 모르겠다. 하지만 음식 속의 새로운 소리의 미학을 발견한 아이들에게는 오늘 역시 새로운 추억의 단편이 되겠구나 생각하니 뿌듯함에 기분이 으쓱해진다.

이제 난 부침개를 한 두어 장 더 구워야겠다. 비오는 날 종일 집에서 고소한 내를 풍긴 대가로 행여나 평소보다 소란스러움을 느꼈을 아랫집에 죄송하고도 감사한 마음을 가득 담아 찾아가야겠다. 내 경험에 의하면 소음방지 매트보다 요 부침개 한 장이 10배는 효과가 좋다. 그리고 배부른 아이들이 낮잠 들고 나면 혼자 느긋이 즐길 나만의 마지막 한 장도 남겨두어야겠다.

우리 가끔은

　　나는 나, 너는 너

　　하자

〈따로따로 샤브샤브〉

"어머니, 정환이 그림 그리기 정말 좋아해요~ 계속 즐겨 할 수 있도록 가정에서 꾸준히 지도해주세요."

유치원 하원할 때마다 정환이는 그날 원에서 그리고 만든 여러 작품들을 가방에 가득, 두 손에도 가득 쥐고 나온다.

"혹시… 어머님이나 아버님께서 미술 전공하셨어요?"라 는 선생님의 물음에 "사실은… 제가 미대를 나왔어요"라며 쑥스럽게 고백했다.

"어쩐지… 이래서 피는 못 속이나봐요."

첫째인 정환이는 나와 참 많은 점이 닮았다. 그림 그리고 음식 만드는 것을 좋아하는 것은 물론이고, 웃을 때마다 들어가는 보조개, 유머러스한 말투, 조심성 많은 것, 호기심 많은 것, 생각하는 것도 비슷하고 취향도 통한다. 한 엄마는 나와 정환이가 걷는 모습도 똑같다며 신기해했다. 같은 혈액형이어서 그런가 싶기도 하고, 나와 같은 첫째여서 그런가 싶기도 하지만 결국은 선생님 말씀대로 역시 피는 물보다 진해서 그런 게 아닐까 싶다.

여자인 내가 남자인 아들을 이해하지 못해 쩔쩔매면 어쩌지 고민했던 적이 있다. 주변의 많은 아들 엄마들에게 들은 이야기로 지레 겁을 먹던 시절이었다. '남자아이 이해하기', '남자아이와의 대화법', '남자아이 심리 알기' 등등의 주제로 쓰인 많은 글들을 보고 남자아이 육아 이미지 트레이닝을 하기도 했다. 하지만 나와 아들 사이는 조금 달랐다.

"많은 엄마들이 아들들이 왜 그러는지 이해를 잘 못하겠다고 하잖아. 그런데 왜 난 내 아들이 다 이해가 되지?"

그러자 내 동생이자 정환이의 이모가 간단하게 답을 던졌다.

"둘이 똑같아서 그래."

내가 낳은 내 새끼니까, 나를 닮았으니까.

아리스토텔레스는 생명이 태어나는 순간 그 생명에 고유한 영혼이 주어진다고 했다. 아이는 내가 소유한 자산이 아닌 독립된 인격체이다. 물론 알고 있다. 하지만 내 몸을 통해, 내가 낳은, 나를 닮은, 또 다른 나인 것 같은 이 끈끈한 동질감은 무엇인지.

갓 태어난 아이를 이리 보고 저리 보다가 발톱도 나를 닮았다며 흡족해하던 모습은 어딜 가고 때론 나를 닮았기에 염려도 된다. 아들은 나의 단점도 고스란히 닮았기 때문이다.

결정을 못 내리고 갈팡질팡하거나 변덕도 심하다. 주변의 평가를 예민하게 받아들이고 금세 좋아했다가 금방 질리기도 한다. 운동신경도 아빠보다는 나를 닮은 것 같기도 하다. 아쉽게도……

아이가 커가는 모습이 100퍼센트 만족스러운 엄마가 얼마나 될까? 나보다는 조금 더 나은 모습으로 자라주길 소망하는데 자꾸 내가 감추고 고치고 싶은 단점이 아이에게서 보일 때 우리는 불만족스럽고 때로는 좌절감까지 느끼기도 한다.

교환 학생 시절 영어가 어려워 힘들었던 한 친구는 자신의 딸을 5살 때부터 영어 유치원에 보냈다. 작은 키가 콤플렉스인 친구는 아이의 양치질은 잊어도 하루 두 컵 우유만은 꼭 챙긴다고 했다. 아토피로 고생했던 한 친구는 행여 아이도 자신처럼 고생할까 봐 과자는 입에도 대지 못하게 하고, 수영을 못해 늘 아쉬웠다는 친구는 모자 수영을 등록해 걸음마와 수영을 거의 동시에 가르치고 있다. 수(학)포(기)자였던 내가 내 아이만큼은 그러질 않길 바라는 마음에 어려서부터 가베 교구를 가지고 놀게 한 것도 비슷한 심리에서였을 것이다.

고로 난 내 모습을 아이에게 투영해 대리 만족이나 하는 미성숙한 엄마인가! 또 자책의 시간이다. 하지만 한편으로는 '다 너를 위한 거야, 너도 나중에는 나에게 고마워할걸?'이라며 합리화한다.

정환이를 임신했을 때 사교육으로 휘청거리는 여러 가정들의 이야기를 텔레비전으로 접하면서 나는 소신 있고 줏대 있는 엄마가 되어야지 생각했었다. 독서와 여행을 좋아하는 사람이 되었으면 좋겠다고 그것만 바랬다. 하지만 아이를 키우니 내가 못하는 것을 내 아이가 대신 해줄 때의 쾌감과 보람은 이루 말할 수가 없었다.

대부분의 엄마들은 아이와 자신을 동일시하는 경향이 있다. 아이들을 자신의 아바타로 여기며 아이들의 성공을 마치 자신의 성공처럼 생각한다. 내가 이루지 못했던 이상적인 삶을 아이를 통해 이루고자 하는 마음에 아이의 성공을 위해서 이 정도쯤이야 라며 자신의 희생을 감수한다. 그러다가 정도가 지나치면 아이와 엄마의 삶은 서로 침해받고 상처로 범벅이 되고 만다.

십 년을 알고 지낸 친한 동생을 만날 때 정환이와 동행한 적이 있다. 그때 있었던 에피소드를 그 동생은 아직도 곱씹어 이야기하곤 한다.

"그때 정환이가 두 돌쯤 되었을 때지? 보통은 식당에 가면 엄마와 아이가 하나를 시켜 나눠 먹잖아. 근데 그때 언니는 정환이와 언니가 서로 먹고 싶은 게 다른데 어떻게 같이 먹냐며 각각 하나씩 주문을 넣었어. 난 그게 아직도 너무 기억에 남아."

그렇다. 나도 먹고 싶은 게 있다. 매운 것도 먹고 싶고 기름진 것도 먹고 싶은데 아이 때문에, 아이와 나눠 먹어야 하니 밍밍하고 심심한 음식들을 시켜야 하는 게 못마땅했다.
아마 음식에서부터였을 것이다.

'너는 너. 나는 나.'

한 유명 블로그를 하는 엄마는 늘 아이와 자신의 커플룩을 고집한다. 물론 귀엽고 사랑스러워 보이지만 정말 그 아이가 그 옷을 입고 싶었을까? 한번쯤은 생각해볼 필요가 있다. 평소에는 나랑 참 많이 닮았다고 생각한 정환이지만 가끔은 이런 면이 있었나 싶은 말이나 행동을 할 때가 있다. 정환이는 나를 닮은 것이지 나는 아닌 것이다.

"오늘 우리 샤브샤브 해먹을까?"

"좋아요!"

특히 한 음식을 나눠 먹다보면 너와 나 참 같은 듯 다르구나 하는 생각이 든다. 우린 샤브샤브를 너무 좋아하지만 그 목적이 다르다. 나는 죽을 먹기 위해, 아들은 국수를 먹기 위해 샤브샤브를 좋아한다.

커다란 냄비에 육수가 끓어오르면 우리는 준비된 많은 재료 중에 내 취향에 맞는 몇 가지를 자기 앞으로 덜어 먹을 준비를 한다. 내 앞에는 버섯과 잎채소가 가득하고, 아들 앞에는 고기와 떡, 유부가 가득하다. 그 많은 재료들 중 아들과 나는 먹고 싶은 것도 좋아하는 것도 제각각이다.

샤브샤브는 '찰랑찰랑' '흔들흔들'이란 뜻의 일본어 의태어이다. 샤브샤브는 13세기 칭기즈칸이 투구에 물을 끓이고 당시 구하기 쉬웠던 양고기와 야채 등을 흔들흔들 익혀 먹던 데서 시작되었다.

버섯과 청경채를 우선 넣어 스위트 칠리소스에 듬뿍 찍어먹자 아들이 맛있냐고 묻는다. 고개를 끄덕이자 자기의 고기도 한번 먹어보라며 적극 추천한다. 아들은 고소한 참깨소스에 고기를 찍어 입 안 가득 넣고는 어깨춤을 춘다.

샤브샤브를 먹은 뒤 남은 육수에 아들이 좋아하는 칼국수 면을 넣어 후루룩후루룩 한 그릇을 비운 뒤, 달걀과 김가루를 밥과 함께 넣어 날 위한 죽으로 마무리한다.

둘의 취향을 모두 저격한 제대로 된 한 그릇이다.

먹는 취향도 다른데 네가 하고 싶은 일과 엄마가 시키고 있는 일은 또 얼마나 다를까 싶으니 지금껏 나이가 어리다는 이유로 이것저것 엄마가 원하는 대로 사교육을 받고 있는 아들의 모습에 미안해졌다.

가끔씩 '엄마, 나는 태권도가 하고 싶어, 펜싱이 배우고 싶어'라고 이야기해도 그건 지금 당장 너에게 필요하지 않다며 더 나은 너를 만들어주겠다는 이유로 아들의 눈을 가리고 무작정 앞으로만 가고 있었던 내 모습에 브레이크가 필요해 보였다.

그동안 내가 낳은 내 아들이라고 너무 많이 참견한 건 아닌가 싶다. 참견 대신 응원하는 마음으로 아들을 믿고 지켜봐주어야겠다.

뜨끈한 샤브샤브를 다 먹고 나서 아들하고 팔베개하고

침대에 누워 아들의 꿈에 대해 이야기를 나누었다. 아들은 태권도 사범님이 되고 싶다고 했다. 친구들이랑 기차타고 여행 다니는 사람이 되는 것도 좋을 것 같다고 했다. 그러나 아들은 꿈은 늘 변할 수 있는 거라는 여지를 남기는 것도 잊지 않았다.

그러다 갑자기 아들이 나에게 엄마의 꿈은 무어냐 물었다.

"음… 내 꿈은 정환이가 건강하고 행복하게 자라는 거."

그러자 정환이가 눈썹을 실룩이며 말한다.

"아니 나에 대한 꿈 말고 엄마의 꿈 말이야……."

그러게… 엄마의 꿈이 무엇이었더라. 언젠가부터 네 꿈이 내 꿈이 되었네. 오늘부터라도 꿈꾸는 엄마가 되어야겠다. 너에 대한 꿈이 아닌 나 자신을 위한 꿈을.

진하고 달콤한

　　내 젊은 날로

　　돌아가고 싶어

〈응답하라 추억의 달고나〉

아직도 나는 내 나이가 36살이라는 게 믿어지지 않는다. 온라인 회원가입을 할 때 1980년을 찾기 위해 스크롤을 한참 내려야 하는 것도 어색하고, 길 가다 누군가가 '아줌마'라고 하면 '누구 보고 아줌마래?' 하며 울컥 화가 나기도 한다.

난 그냥 딱 23살인 채로 살고 싶다.

이제 몇 달 후면 큰아이가 초등학교 입학을 한다. 난 아직도 내 초등학교 입학식을 기억한다. 그 당시에는 국민학교였다. 입학선물로 가방을 받을 생각에 들떠 며칠간 텔레비전 광고 속에 등장하는 쓰리세븐 가방을 떠올리며 잠이 들었고, 가방을 방에 두고 몇 번이나 열었다 닫았다 하는 통에 쓰기도 전에 고장이 나겠다며 야단을 맞기도 했다. 5살 전으로는 기억이 거의 없지만 6~7살 내가 기억하는 그 어린 시절을 내 아이들도 맞이했다는 생각을 하면 마냥 신기하다.

'엄마가 7살 때는 말이야~'라며 아이에게 나의 옛이야기를 해주는 모습에 가끔 깜짝깜짝 놀라곤 한다. 나도 어느새 추억을 곱씹을 나이가 되었구나, 느끼는 순간이다.

어느 날 마트에 갔다가 깨끗하게 개별 포장되어 봉투에 담겨 판매하는 '달구나'라는 과자를 보았다. 우리 아이들은 돈 천 원을 들고 마트에 가도 딱히 살 수 있는 게 별로 없는 시대에 살고 있지만 어릴 적 나는 엄마에게 받은 100원을 내 주머니에 넣고 있으면 이걸로 무엇을 살까 한참을 고민해야 했다. 그때 엄마에게 받은 100원을 가장 많이 투자했던 곳은 바로 달고나 가게였다.

과자를 파는 가게로 뛰어가다가도 놀이터 옆 작은 공터에 두툼한 솜바지를 입고 여기저기가 부서져 테이프로 칭칭 동여맨 플라스틱 의자에 앉아 계신 뽑기 할머니를 보면 나도 모르게 방향을 틀었다. 연탄불 위에 올린 작은 국자에서 설탕 녹이는 냄새가 풍겨오면, 뭐에 홀린 듯 주머니 속

에 땀이 찰 정도로 꼭 쥐고 있었던 그
동전 하나를 할머니 앞 깡통에 쨍그랑
하고 넣었다.

벽돌 위에 올려둔 나무판자 위에 노랗
게 부풀어 녹은 달고나를 탁, 하고 엎어 모양을 찍어내면
그때부터 내 심장이 쫄깃쫄깃해졌다. 찍힌 모양 대고 잘 오
려내면 이 달달하고 맛난 걸 하나 더 먹을 수 있다는 생각
에 침을 바르기도 하고, 시침핀으로 콕콕 찔러 떼어내며 내
인생 최고의 집중력을 발휘하는 시절이었다.

동네 언니 오빠들은 성공이라며 옆에서 신나 하는데 사
실 정작 난 한 번도 달고나 뽑기를 성공한 적은 없었다. 지
금의 나는 놀이터에서 놀다가 과자 하나를 먹으려 해도 아
이들 손 씻기고 세정제로 마무리까지 시키는 엄마이지만
돌이켜보면 예전의 나는 뽑다가 바닥에 떨어진 달고나를
툭툭 흙을 털어내고 먹던 아이였다.

그렇게 여러 가지 추억이 깃든 달고나가 공장에서 찍혀진
예쁘고 정갈한 모습을 한 채 내 앞에 나타났다. 아이들에게
이 맛을 보여주고 싶어 하나 사서 나눠 먹었다.

"맛이 없는데?"

큰아이가 말한다. 그래 이야기가 없고 추억도 없는 이 달고나, 엄마도 별로 맛이 없다.

얼마 뒤 큰아이 친구네 가족들과 캠핑을 갔을 때, 이웃집 엄마가 아이들에게 해주고 싶었다며 달고나 재료들을 준비해 오셨다. 바로 이거거든!

설탕을 녹인 채 소다를 넣고 판에 뒤집었는데 녹인 설탕이 잘 떨어지지 않아 모양 틀을 찍고 떼어내는 게 쉽지 않았다. 그렇게 우리는 몇 차례 실패를 거듭하다가 국자 씻는 일에 지쳐 포기하고 말았다. 집으로 돌아와 오기가 생긴 나는 가장 못난 국자 하나를 골라들고 달고나를 만들기 시작했다. 내 국자니 태워먹어도 등짝 스매싱을 당할 일은 없다.

그러나 역시 문제는 타이밍이었다.

갈수록 실력이 좋아지는 나를 보고 아이들이 더 신나 했다. 서로 내가 한번 해보겠다고 나서더니 결국 큰아이는 유치원 앞에서 이거 팔자고 부추기기까지 했다.

어디 목 좋은 학교 앞에서 노후를 보내야 하나… 재미로 수없이 만든 달고나를 의미 없이 부수어 입안에서 녹

이고 있는데 때마침 라디오에서 나온 노래에 나도 모르게 코가 찡해졌다.

♩ 요즘 넌 어떻게 살고 있니.

아기 엄마가 되었다면서. ♬

음식마다 이야기가 있고 추억이 있고 그리움이 있다. 음식을 보면 그 음식을 해주었던 사람, 함께 먹었던 사람, 이 음식을 좋아했던 사람들이 차례로 떠올라 한참을 추억담 넘기를 하곤 한다.

어린 시절 이사 가던 날 달고나 할머니에게 뛰어가 이제 나 이사 간다고 이거 못 먹으러 온다고 말하며 눈물 그렁거리던 나에게, 달고나 할머니는 가서 건강히 잘 지내라며 거친 손으로 만든 노랗게 반짝이는 달고나 하나를 손에 쥐어 주셨다.

우리 아이들에게 어린 시절의 추억을 요리해줄 사람은 누가 될까? 엄마 역시 나에게 "내가 네 나이었을 땐 말이야…"라며 이야기를 시작하시곤 한다. 나는 어린 시절 그날 들은 이야기를 되새김질하면서 다시 살아갈 힘을 얻곤

하는데, 엄마는 나를 통해 30대인 당신의 날들을 되새김질 하시며 오늘을 사시는 것 같다.

　20대 때 나는 어서 빨리 30대가 되었음 하고 꿈꿨다. 앞으로 내가 누구를 만나 무엇을 하고 살지 불투명했던 시절이었다. 30대가 되면 모든 게 다 제자리를 찾고 자리를 잡아 안정된 생활을 할 수 있을 것 같았다. 어른들이 입버릇처럼 말하는 그때가 제일 좋을 때야, 다시 그 나이만 되었어도…라며 읊조리는 것을 20대의 나는 이해하지 못했다. 난 빨리 그냥 어른이 되고 싶었다.

　그렇게 나는 누구나 다 인정하는 40대를 향해 가는 정말 어른이 되었다. 하지만 종종 어릴 때의 내가 그립다. 세월이 흐를수록 나이가 들어갈수록 내가 해내는 일들은 많은데 쌓아가는 추억은 예전 것들처럼 진하고 달콤하지 않아서일까? 여전히 나는 예전의 나를 예뻐하고 그리워하며 그렇게 살고 있다.

　달고나 하나를 만들어두고는 주구장창 이어지는 '옛날 옛적에 엄마는' 시리즈에 아이들은 '그래서 그래서?' 하며 기분 좋은 추임새를 넣어준다. 결국은 내 바람을 가득 담아 그 후로 엄마는 오래오래 행복하게 살았대, 라며 happy

ever after 결론을 내고는 스스로 뿌듯하게 웃어 보인다.
내가 하는 이야기를 들어주고 좋아해주기까지 하는 아이
들이 있어서 난 오늘도 옛 추억을 기억해내려고 애쓴다.

블링블링 석류소스 치킨스테이크

재료

닭다리 살 2조각, 샐러드용 베이비야채 적당량, 소금 1/2작은술, 후추 약간,
레드와인 1/4컵, 식용유 약간, 다진 파슬리 1/2큰술(생략 가능)

〈석류소스 양념〉

석류 1/2개, 레드와인 1/2컵, 꿀 2큰술, 가염버터 2큰술

1. 닭다리 살은 칼집을 두세 군데 내어 소금, 후추로 밑간한다.

2. 석류는 과육만 팬에 모아 레드와인, 꿀을 넣고 한소끔 끓인다.

3. 소스가 끓기 시작하면 가염버터를 넣고 약불에서 소스가 걸쭉해질 때까지 끓인다.
(소스가 농도나기 시작하면 불을 끈다. 너무 오래 끓이면 버터와 소스가 분리되므로 주의)

4. 달군 팬에 식용유를 두른 뒤 닭다리 살을 센 불에서 굽는다.

5. 닭다리 살이 익기 시작하면 레드와인 또는 청주를 센 불에서 부어 잡내를 날린다.

6. 닭다리 살을 앞뒤로 노릇하게 구워 완성한다.

7. 그릇에 샐러드 야채와 구운 닭다리 살을 담고 석류 소스와 다진 파슬리를 뿌려낸다.

*석류 대신 냉동 베리류를 활용해도 좋다.

브레인푸드 콩 견과류 바

재료
볶은 검은콩 50g, 해바라기씨 50g, 견과류(호두, 아몬드, 땅콩 등) 150g, 말린 과일(건포도, 건크랜베리 등) 50g, 올리고당 7큰술, 설탕 3과 1/2큰술, 카놀라유 1/2큰술

1. 견과류는 거칠게 다진다.

2. 말린 과일은 거칠게 다진다.

3. 팬에 올리고당, 설탕, 카놀라유를 넣고 약불에서 데운다.

4. 끓기 시작하면 볶은 검은 콩, 해바라기씨, 견과류, 건과일을 모두 넣고 뻑뻑해질 때까지 계속해서 저어준다.

5. 되직하게 농도가 나면 종이호일 위에 〈4〉을 부어 다시 종이호일을 덮은 뒤 뜨거울 때 밀대 등으로 꾹꾹 밀어 형태를 잡는다.

6. 30분 정도 굳혀 칼로 먹기 좋은 크기로 자른 뒤 다시 30분간 더 굳혀 완성한다.

*밀대가 없다면 종이호일을 깐 내열 용기에 견과류 반죽을 부어 다시 종이 호일을 덮고 손바닥으로 꾹꾹 눌러 형태를 잡아준다.

기분업 카프레제 샐러드

재료
완숙 토마토 1개, 후레시 모차렐라 치즈 1덩어리, 바질 약간, 통후추 약간

〈발사믹 드레싱〉
올리브 오일 4큰술, 발사믹 비네거 2큰술, 다진 양파1큰술, 꿀 2작은술, 소금,
후추 약간, 다진 바질 2장

1. 완숙 토마토는 둥글게 슬라이스하고, 모차렐라 치즈도 토마토와 비슷한 크기로 썬다.

2. 발사믹 드레싱은 분량대로 섞는다.

3. 그릇에 토마토–후레시 모차렐라 치즈–바질을 순서대로 담고 발사믹 드레싱을 충분히
   뿌려 완성한다.

감성 베이컨 부침개

재료

양배추 1/6통, 베이컨 4줄, 돈가스 소스 약간, 부침가루 100g, 계란 1개, 식용유 약간

1. 양배추는 곱게 채썬다.

2. 베이컨은 1cm 폭으로 썬다.

3. 달군 팬에 베이컨을 중불에서 3분간 볶아낸다.

4. ⟨3⟩팬에 식용유를 1큰술 두르고 채썬 양배추도 중불에서 2분간 볶아낸다.

5. 스텐 볼에 볶은 베이컨과 볶은 양배추, 부침가루, 계란을 넣고 반죽을 만든다.

6. 달군 프라이팬에 식용유를 넉넉하게 두른 뒤 반죽을 한 국자 떠 올려 중불에서 노릇하게 구워 완성한다.

7. 시판 돈가스 소스를 얇게 뿌려 먹는다.

*마지막에 센 불에서 앞뒤로 익혀주면 겉은 바삭, 속은 부드러운 부침개가 됩니다. 가츠오부시가 있다면 함께 곁들여 먹어도 맛있다.

따로따로 샤브샤브

재료

샤브샤브용 채끝살 200g, 청경채 3포기, 얼갈이 5장, 표고버섯 3개, 팽이버섯 1봉, 비타민, 쑥갓 등 50g, 두부 1모, 생면 약간

〈다시 국물〉

다시용 멸치 30g, 물 9컵, 다시마 10cm , 청주 1/2컵, 맛술 1/2컵, 가츠오부시 50g

〈곁들임 소스 - 폰즈 소스〉

진간장 50g, 식초 25g, 다시물 50g, 레몬즙 2큰술, 설탕 2작은술, 무즙 1큰술, 통깨, 실파 약간

〈곁들임 소스 - 깨소스〉

통깨 2큰술, 마요네즈 3큰술, 땅콩버터 1/2큰술, 다시물 2큰술, 식초 1작은술, 레몬즙 1큰술, 타바스코 소스 약간, 미소된장

1. 청경채는 길게 1/4등분하고, 얼갈이는 한입 크기로 썬다.

2. 표고버섯은 슬라이스하고, 팽이버섯은 기둥을 제거한다.

3. 비타민, 쑥갓, 적치커리 등 샤브샤브 야채들을 씻어 준비한다.

4. 다시용 멸치는 내장을 제거한 뒤 물, 멸치, 다시마, 청주, 맛술과 함께 중불에서 끓이다 가 끓어오르면 다시마와 멸치는 건져내고 불을 끈다. 뜨거울 때 가츠오부시를 넣고 그대

로 두었다가 10분 후 체에 밭쳐 육수를 준비한다(이 과정이 번거롭다면 물 9컵에 쯔유–일본식 가츠오부시 간장을 3큰술 넣어 육수를 만들어도 좋다).

5. 곁들임 소스는 분량대로 각각 섞는다(시판소스 활용해도 좋다).

6. 샤브샤브 육수가 끓어오르면 준비된 재료들을 취향껏 익혀 소스와 함께 즐긴다.

* 샤브샤브 재료는 집에 있는 여러 야채와 해물들을 활용해도 좋다.

응답하라 추억의 달고나

재료

설탕 2큰술, 베이킹소다 1/8작은술, 설탕 묻힘용 적당량

1. 국자에 설탕 1큰술을 넣고 아주 약불에서 천천히 설탕을 저어가며 녹인다.

2. 설탕이 시럽처럼 녹으면 베이킹소다를 넣고 불을 끈 뒤 재빠르게 휘저어 준다.

3. 설탕을 솔솔 뿌린 접시 위에 〈2〉를 탁! 던지듯 올린다.

4. 5초 정도 기다렸다가 한김 식으면 납작하게 눌러준 뒤 틀이 있다면 모양 틀로 찍어준다.

* 너무 곧바로 납작하게 누르면 달고나가 달라붙어서 떨어지지를 않는다. 한김 식혔다 눌러 주는 것이 중요하다.

*실패한 달고나는 커피와 함께 녹여 먹거나 바닐라 아이스크림과 곁들여 즐기면 좋다.

결혼하고
아기만 있으면
모든 게
행복일 줄 알았어

두 번째로

　　　밀려난 남편,

미안해

〈찰떡궁합 돼지보쌈과 부추겉절이〉

"나한테 너무 관심 없는 거 아니야?"

첫아이를 낳고 백일쯤 지났을까? 그때 나는 난생처음 겪는 엄마라는 자리에 지칠 대로 지쳐 있었다. 제대로 먹지도 제대로 자지도 못하는 생활에서 어떻게 하면 빨리 벗어날 수 있을까 생각하다가, 이내 차라리 빨리 적응해버리자 싶었다가 감정이 널뛰기를 하는 그런 시기였다.

그렇지 않아도 잠이 많은 나는 새벽에 수시로 깨서 모유 수유를 하는 바람에 종일 머리가 멍했다. 물론 너무 미안하게도 남편은 '아웃오브안중'이었다. 지금 와서 미안했구나 느끼는 거지 그 당시에는 남편에게 미안한 감정을 느낄 만한 여유도 없었다.

맛있는 것을 해놓고 언제 퇴근하냐며 보채던 신혼은 없었다. 오히려 밖에서 밥을 먹고 온다면 내심 반가웠고 며칠째 못 감은 머리를 대충 묶고는 게슴츠레 필요한 말만 적당히 주고받을 때였다. 아침에 언제 출근을 했는지 저녁에 언제 들어왔는지 모르고 넘어가는 날들도 있었다. 가끔은 예전만큼 살갑지 않은 신랑에게 서운한 감정도 생겼지만 내 애정을 온전히 쏟아 부을 아가가 내 품에서 방긋거리고 있었으니 조금은 위로가 되어 그런 대로 버틸 만했었다. 아이를 낳고 내 모습이 변했으니 그런 남편의 행동이 어찌 보면 당연한 건가 싶기도 했다.

여자의 인생은 결혼 전후가 아닌 출산 전후로 나누어야 한다는 말이 있을 정도로 아이가 생긴 뒤 많은 변화를 겪는다. 그런데 여자와는 달리 남자는 무엇이 달라지지?

나는 모든 남자가 담담하게 아이를 받아들일 줄 알았다. 그렇게 수개월의 시간이 흘렀고 어느 날 회식 후 적당히 취기가 오른 남편이 주저리주저리 나에게 서운함을 털어놓았다. 자기 자리를 아이에게 빼앗긴 거 같다며 이제 나는 뭐냐며. 기가 막혔다.

　'장난해? 내가 누구랑 바람이라도 난 게냐? 너와 나의 사
랑의 결실인 이 아가를 키우고 돌보느라 내 전부를 바치
고 있는 나한테 나날이 위로와 격려는 못할망정 그게 네
가 할 소리냐?'

　조목조목 따지고 싶었지만 그는 벌써 침대에 고꾸라져
잠이 들었다. 그로부터 며칠 뒤 선반 위 신랑의 영양제가
눈에 띄었다.

　"여보, 이거 요즘 챙겨 먹고 있어?"
　"아니."
　"왜 안 먹어. 좀 챙겨 먹지."
　"네가 좀 챙겨줘봐. 그럼 먹지."

　'헐… 언제 한 번 내 영양제 챙겨 내 입에 넣어준 적 있
었어?' 묻고 싶었지만 생각만 해도 유치해서 참았다. 대신,
　"여보 요즘 나한테 뭐 섭섭한 거 있어?" 묻자 말이 끝나

기가 무섭게 "정환이 챙기는 거 반의반만 나 좀 챙겨봐"라고 답한다.

"정환이는 아직 혼자서는 아무것도 할 수 있는 게 없잖아. 내가 수유해주고 기저귀 갈아주고 재워주고 온종일 붙어서 돌봐줘야 하는 존재잖아. 하지만 여보는 어른인데 혼자서 좀 알아서 할 수 없어?"

이미 남편의 입이 주먹만큼 나왔다. 절대로 '아~맞다! 그렇구나'라고 이해한 표정이 아니었다.

나는 그날 밤 '남편의 산후우울증'을 검색창에 입력해보고는 놀라운 사실을 알았다. 아이 아빠가 된 남자들 중 15퍼센트 정도 우울증을 앓고 있으며 우울증에 걸린 남자들은 눈물이나 잠이 많아지고, 가끔 멍하게 고민에 빠져 있는 모습도 종종 눈에 띄며 아이를 돌보는 일을 무섭고 막막하게 여긴다고 한다. 또한 현실을 도피하기 위한 잦은 텔레비전 시청, 음주에 매달리는 증상도 남자의 산후우울증 증상이라고 하니 어느 정도 맞아떨어지는 거 같다.

게다가 남자들은 대게 스스로도 산후우울증이라는 것

을 인지하지 못한다고 하니 그 위험성이 더 높다는 거다. 지금 나는 내 한 몸 내 마음도 어쩌지 못하겠는데 이 갓 태어난 어린 남자와 어려진 남자 둘을 어찌해야 하나 순간 갑갑했다. 도대체 어찌해야 할지를 몰라 그대로 여러 날이 그냥 지났다. 그러다 어느 주말 늦은 아침 자고 있는 남편을 물끄러미 보았다.

'그래, 내가 사랑한 내 남자. 정환이가 태어남과 동시에 나만큼 그도 아빠로서 똑같이 책임감이 들었겠지. 그동안 내가 느끼는 책임감과 부담감만 생각하다보니 남편으로서 남자로서 얼마나 힘들었을지 내가 미처 몰랐네.'

그도 그럴 것이 정환이가 태어나고 나서부터 우리는 각자 따로 잠을 자고 밥을 먹었다. 돌이 훨씬 지나서까지 밤중수유를 했던 탓에 정환이를 안고 잠드는 게 더 익숙했고, 안겨 있지 않으면 징징거리는 큰아이 성향 때문에 한 명이 아이를 안고 달래면 나머지 한 명이 그 틈을 타 밥을 먹곤 했다. 한 집에 살았지만 둘이 다른 공간에서 사는 그런 느낌이었다. 그러다보니 대화도 급격하게 줄고 서로 공통의 관심사도 적어졌다.

"뭐 먹고 싶은 거 있어? 해줄게."
"그냥 냉장고에 있는 거 대충 먹어. 피곤한데 뭘 해 하기는."
"아니야 얘기해봐. 나 지금 큰맘 먹었어. 자기 좋아하는 고기 먹을까?"

옆구리를 쿡쿡 찌르자 그제야, "보쌈이나 해먹을까?" 이야기한다. 나름 나를 배려한 고기 메뉴이다. 갈비찜이나 불고기처럼 양념을 만들지 않아도 되고, 사방으로 기름이 튀는 삼겹살이나 스테이크에 비해 부엌이 지저분해질 염려도 없는 메뉴.

"그래 좋아!"

나는 커다란 페트병에 담긴 맥주를 시원하게 따 냄비에 붓는다. 피식, 하고 맥주 김빠지는 소리가 오늘따라 시원하게 들린다.

"여보, 앞으로 딱 1년만 나랑 정환이 좀 봐죠. 정환이 좀 키워놓고 여보한테 잘할게."

보글보글 끓고 있는 수육을 뒤적이며 넌지시 이야기를 꺼내자 믿는 건지 안 믿는 건지 남편은 웃고 만다.

충분히 익힌 돼지고기를 도톰하게 툭툭 썰고 알싸한 부추로 매콤하게 겉절이를 무쳤다. 차가운 성질의 돼지고기와 따뜻한 성질의 부추는 서로 성질이 다른 만큼 함께 먹으면 환상의 궁합을 자랑한다. 이 궁합이 마치 우리네 부부들 같지 않은가? 서로 비슷한 점보다는 다른 점이 더 많지만 톱니바퀴처럼 서로 잘 맞물려 그런 대로 잘 돌아가는 모습이.

남편은 세심하고 꼼꼼하고 이성적이며 나는 우유부단하며 급하고 감성적이다. 서로 성향이 다르니 좋아하는 영화나 음악도 당연히 다르다. 하지만 서로 부족한 부분을 채워주는 일들이 또 다른 결혼생활의 재미가 아닐까. 그렇게 다르다고 여긴 사람이 어느 순간 나에게 맞춰주고 나와 비슷한 취향을 갖게 된 것을 깨달았을 때는 슬쩍 입가에 미소가 지어지기도 한다.

너무 미안하게도 이제부터 당신에게 더 잘할게!라던 약속은 그 이듬해 둘째가 생기고 둘째가 한참 크는 지금까지 미뤄지고 있다. 이제 남편은 이런 상황에 어느 정도 적응이 된 듯하지만 가끔 나에게 볼멘소리를 할 때면 내가 너무 심했나 싶어 미안해지기도 한다.

어느 날 저녁 둘이 맥주를 마시며 영화를 보는데 남편이 이런 이야기를 했다.

"널 만난 건 나에게 축복인 거 같아. 확실한 건 처음보다 갈수록 네가 좋아지는 거 같아."

순간 연애할 때처럼 심장이 두근두근거렸다. 그리고 느꼈다. 이 남자 많이 노력하고 있구나. 그 이후 나 역시 아이들에게만 쏠려 있던 관심을 남편에게 조금씩 돌리려고 노력하고 있다. 아이만 안고 다니던 두 손으로 외출할 때 남편 손도 잡고 팔짱도 끼고 말이다. 몇 년 만에 그러려니 오글거리고 어색하기 짝이 없지만 지금 노력하지 않으면 시간이 지날수록 더 힘들어질 것 같았다.

십여 년 전 연애할 때 쌀쌀한 가을 호숫가 벤치에 그림처

럼 앉아 있던 흰머리 노부부를 본 적이 있다. 두 손을 꼭 잡고 잔잔한 호수를 보며 큰소리 내지 않고 도란도란 이야기 나누시며 호탕하게 웃지 않고 옅은 미소를 보이시는 그 모습에 우리도 나중에 저리 늙자며 다짐을 했었다.

그때는 지금처럼 시간이 지나면 자연스럽게 그리 늙어갈 수 있다고 생각했다. 하지만 막상 결혼을 해보니 자연스럽게 하기에는 크고 작은 일들이 우리 사이에 너무 많이 일어나고, 우리 역시 멀어지고 가까워지고를 반복하며 노력으로 결혼생활을 만들어가고 있었다.

좋은 엄마가 되기 위해 우리가 아이에게 관심을 갖고 귀기울이듯이 좋은 아내, 좋은 남편이 되기 위해서도 우리는 서로에게 관심 갖고 늘 따뜻하게 안아줄 필요가 있다. 나는 아직도 출근하는 신랑의 아침밥을 못 차려주는 날들이 더 많다. 또 20대 우리처럼 까르륵 넘어가며 재미있는 대화를 밤새 나누지도 못한다. 하지만 육아로 세상살이로 지친 마음을 부부만큼 서로 잘 위로해줄 수 있는 사이가 있을까? 그저 나만이 네 편, 너만이 내 편이다 믿으며 서로 끝없이 노력하고 토닥거리는 수밖에.

남편

활용법

〈부탁해요 바비큐 폭립〉

"이거 내장하드 어떻게 분리하지?"

창고를 정리하다 오래전 바이러스로 인해 쓸모없어진 컴퓨터 본체 2대를 발견했다. 아무리 아날로그적이고 기계에 가깝지 않은 나도 본체를 버릴 때는 내장하드를 제거하고 버려야 개인정보 유출을 막을 수 있다고 어디선가 들었던 탓에 버리지도 쓰지도 못하고 창고에 박아두었던 물건들이다.

간만에 큰마음 먹고 드라이버를 들고 이리 해보고 저리 해봤으나 뚜껑조차 열리지 않았다.

결국 전구는 감전될까 봐 못 갈고, 못질은 손 다칠까 봐 안 하는 남편님에게 SOS를 요청했다.

"이리 줘봐. 내가 해볼게."

그러더니 눈에 보이는 모든 나사란 나사는 다 풀었다.
보다 못한 내가 슬그머니 이야기한다.

"제부에게 도와달라고 할까?"

같은 아파트에 살고 있는 사촌동생에게는 공대 출신의 엔지니어 남편이 있다. 지난번에 컴퓨터 본체도 본인이 조립해서 쓴다는, 우리로선 아주 놀라운 이야기를 들은 적이 있다. 그러자 남편은 단호하게 말한다.

"아니! 싫어!"
"잘 모르겠을 때는 도움을 청하고 어려울 때 협조하는 것은 당연한 거야. 그게 왜 싫어?"

보다 못한 내가 말했다.

"요청하지 않은 협조는 나를 무시하는 거야."

한동안 우리 사이에는 적막이 흘렀다.

남자들은 누군가가 도와주겠다고 말하는 것을 좋아하지 않는다. 때로는 이 말에 무시당한 기분이 드는지 짜증을 내기도 한다. 원시시대부터 가족의 생계를 위해 다른 집 남자들과 경쟁하며 맡은 일을 혼자 해결한 탓인가?

반면 여자는 원시시대부터 협업이 생계와 직결됐다. 그래서 어려운 일이 생기면 언제든지 협조를 주고받기 위해 모든 사고 모드가 유대관계 유지에 맞춰졌다. 우리 집도 나와 신랑은 협조에 대한 개념이 크게 다르다. 어려울 때 서로 도와야 한다고 생각하는 나는 신랑이 제때 알아서 협조를 해주지 않으면 섭섭해하고 답답해하고 결국 화를 내기도 한다. 특히 육아를 하는 동안 나는 인생에서 가장 처음, 가장 극한 상황에 처하곤 했다. 하지만 검은머리 파뿌리될 때까지 나를 지켜주고 내 편이 되겠다며 결혼식 날 어깨춤을 추며 세레나데까지 불러주던 그 남자는 이런 나를 자발적으로 척척 도와주지 않는다.

아이를 낳고 밤새 수십 번을 깨 젖을 주고 기저귀를 갈아도 옆에서 꿈쩍 않고 자는 남편을 보고 내가 혼자 애를 만들어 낳았나 싶기도 했고, 엄마 이거해죠 저거해죠 동시다발적으로 요구사항을 날리는 아이들을 보고도 소파에서 꿋꿋하게 스마트폰과 연애를 하던 남편을 보고 스티브 잡스가 아직 살아 있었으면 내 손에 죽었겠구나 생각을 하기도 했다.

하지만 신기하게도 "여보, 기저귀 좀 갈아죠" "여보, 애들 좀 씻겨죠" 요청하면 "어!"라고 즉각적으로 반응을 한다. 시키면 참 잘하는데 시키는 것만 하는 게 문제인 거다. 왜 딱 상황을 보고는 자기가 무얼 해야 하는지 알아채지 못하는 걸까? 왜 시킬 때까지 저 엉덩이는 돌덩이처럼 무거운 걸까?

대부분의 남자들은 아무리 친한 동료라 해도 도와달라는 요청을 받아야 그제야 비로소 움직인다고 한다. 그러니 그들은 당신이 아무리 측은해 보여도 도와달라 부탁할 때까지 협조할 필요가 없다고 생각하는 것이다. 오히려 우리가 요청하지 않았는데 우릴 돕는 것은 그들 입장에서는 무시하는 행동이라고 오해할 수도 있겠다. '나 혼자 이렇게 일당백 육아를 잘하고 있는데 감히 네가 끼어들어?' 이쯤으로 받아들인다는 건가? 암튼 우린 요청하지 않은 일을 그들이 해주지 않은 것에 대해 상처를 받을 필요가 없다. 대신 해도 표 안 나고 안 하면 표 나는 묘한 집안일과 육아를 죽어라 혼자 다 해놓고 대자로 뻗기 전에 남편에게 조금씩 도움을 청해보자. 도움이 필요할 때 잘 요청하는 법을 알아두는 것도 육아에선 필요하다. 개떡같이 말해도 그가 찰떡같이 내 마음을 다 헤아려 척척 도와줄 거라 기대하는 건 무리다.

나만의 SOS 요청 룰을 하나 고백하자면 나는 부탁을 하려고 그를 부를 땐 칭찬하는 형용사를 그의 호칭 앞에 붙이곤 한다. 예를 들어,

"세상에서 젤 힘센 여보야! 이 짐들 좀 옮겨 줄래?" 내지는 "진짜 키 큰 신랑아. 이 빨래 좀 널어줄래?" 등의 방법이다. 그러면 그는 대부분 기분 좋게 나의 부탁을 들어준다.

하지만 가끔 그것도 통하지 않을 때가 있다. 당당하게 그에게 무언가를 요구하려 해도 막상 나 역시 요즘 그에게 그다지 잘한 것도 없어서 우물쭈물하게 될 때, 어제는 자

기의 운동복이 아직도 세탁실에 있다며 투덜댔었고, 오늘은 아침도 못 차려주었다는 것을 깨닫는 순간엔 부탁을 하려고 나불거릴 준비를 하던 내 세치 혀는 금세 목젖까지 쏙 들어가고 만다.

최근의 우리 집 메뉴들을 보면 정환이가 좋아하는 불고기, 혜원이가 좋아하는 계란찜. 정환이가 좋아하는 봉골레 파스타, 혜원이가 좋아하는 두부 미소된장국, 정환이가 좋아하는 볶음 쌀국수 또 혜원이가 좋아하는…….

그렇다. 그가 좋아하는 메뉴를 슬슬 준비할 때가 된 것이다. 앞으로 또다시 숱한 나의 부탁을 스펀지처럼 쫙쫙 흡수해주기를 바라는 마음을 담고 담아 나는 마트로 향하여 그가 '애정'하는 고기를 담고 담고 또 담아 온다.

그리고 메뉴를 선택, 바로 바비큐 폭립이다.

이 메뉴는 특히 초딩 입맛을 가진 내 남자가 너무나 좋아라 하는 베스트 메뉴이다. 내가 이 바비큐 폭립을 처음 먹어본 건 토니로마스에서였다. 그 당시 꽤 비싼 값을 지불하고 먹어도 늘 배고팠던 메뉴. 알고 보면 이 폭립은 만들기도 쉬운데 그동안 왜 사먹었을까 후회스럽다.

늘 집에서 해 먹던 식상한 음식이 아니라 새롭기도 하거

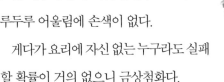

니와 밥과 함께 먹는 폼 나는 일품요리, 또는 맥주와 함께 먹는 술안주로도 두루두루 어울림에 손색이 없다.

게다가 요리에 자신 없는 누구라도 실패할 확률이 거의 없으니 금상첨화다.

요즘은 세상이 좋아 데워 먹기만 해도 되는 반조리 폭립을 어렵지 않게 구할 수 있다. 하지만 새콤달콤한 바비큐 소스를 보글보글 끓이고 있노라면 그 향이 신랑의 코끝을 낚아 내 곁으로 이끌 것이고, 립에 슥슥 발라 지글지글 굽기만 하면 깜짝 놀랄 만한 비주얼로 완성이 되어 남편이 배를 떵떵 두드릴 때까지 먹을 수 있으니 이 정도의 수고로움은 해볼 만하지 않은가. 한번 만들 때 넉넉히 만들어 맘껏 즐기자.

단, 너무 배불러 식곤증으로 쓰러질 수도 있다.

난 오늘도 "여보~ 빨래 좀 건조대에 널어줄래?" 공기 반 소리 반 콧소리를 내며 그에게 부탁했고 취향 저격당한 남편은 기분 좋게 대답했다.

"그래!"

지금 내 눈앞에는 기분 좋은 남편님이 건조대에 널어놓은 빨래들이 보인다. 스무 개가 넘는 빨래들이 한 뼘도 안 되는 공간에 참 다닥다닥 다정히도 붙어 있다.

'여보, 빨래 좀 건조대에 7cm 간격으로 통풍 잘 되게 앞뒤 두 줄로 나누어 널어줄래?'라고 했어야 하는데… 내가 정말 잘못했다. 이렇게 서로 맞춰가는거지 뭐.

나도

　　　혼자만의 시간이

필요해

〈베이비 밥도둑 홈메이드 후리가케〉

"미국… 말이야. 안 가면 안 될까?"

순간 나는 잠시 설거지를 멈추고 남편을 돌아봤다. 아무렇지도 않게 소파에 앉아 그가 던진 한마디였다.

최근에 미국 감자 협회로부터 세미나 초청을 받았다. 열흘 정도 떠나는 일정에 비용도 100퍼센트 미국 본사 지원이었다. 일정도 알찼고 기회가 좋았다. 안 갈 이유가 없었다.

아! 못 갈 이유가 있다면 아이들이었다. 우선은 든든한 지원군 친정엄마께 SOS를 쳤다. 처음에는 열흘 정도 아이를 봐주실 수 있냐는 물음에는 건조한 어투로 무슨 일이냐 물

어보시던 친정엄마도 미국 세미나에 참석할 기회가 왔다고
하니 아이들은 걱정 말고 꼭 다녀오라고 오히려 신신당부
하셨다. 딸에게 도움이 되는 일이라면 두발 벗고 지원해주
심에 감사했고 당신 몸도 피곤하실 텐데 두 아이를 맡겨야
하는 현실에 죄스럽기도 했다. 처음 신랑의 반응도 쿨했다.

"다녀와. 전적으로 지원해줄게!"

그 말에 아이들은 장모님이 봐주실 테고 비용은 회사가
내줄 것인데 당신은 그럼 무얼 지원해줄 거냐 하며 우스갯
소리를 건넸다. 그렇게 미국행은 확정인 듯했다. 그런데 갑
자기 이게 무슨 소리람! 이유는 더 황당했다.

"그냥."

내가 가면 왜 안 되는지 이유를 말해주면 생각해보겠다
하니 '그냥'이란다. 이유도 없다니, 난 끼고 있던 고무장갑을
벗고는 두 손을 허리춤에 올렸다. 나랑 한판 붙자는 뜻이다.

"그냥? 그냥이라고?"

목소리가 날카로워졌다. 그러자 이내 아이들 이야기를 꺼낸다.

"아니…아이들한테 엄마 없는 열흘은 너무 길 것 같아서."

나도 할 말은 해야겠다.

"여보, 여보는 일 년에 한 번씩 혼자 여행 가지? 아빠 없는 일주일은 괜찮고, 엄마 없는 일주일은 왜 안 되는데? 결혼하고 처음 있는 일이야. 나도 혼자 좀 떠나보고 싶어."
"……."

신랑은 대답이 없다. 알았다는 건지, 휴전을 하자는 건지 알 수가 없다.

세미나지만 나는 마냥 들떠 있었다. 세계 각지에서 모인 쉐프며 외식업계 종사자들과 소통할 수 있는 자리이고, 다양한 시연 강좌와 투어들로 정보가 넘쳐날 자리였다. 게다가 한국에서는 나 혼자 참석하는 자리라 이것저것 준비하고 있는 것도 있었다.

결혼을 하고 나니 부쩍 아빠는 할 수 있지만 엄마는 누릴 수 없는 일들에 심술이 나고 울적해질 때가 있다. 아이들을 아빠에게 맡기고 친구들과 저녁 맥주타임이라도 가지려 하면 엄마들은 며칠 전부터 신랑에게 부탁하고 일찍 퇴근해달라 당부를 해두어야 한다. 그것도 초저녁에 나갔다가 아이들이 잠들기 전 귀가하는 게 조건이다. 너 노는 거 서포트해주려고 이 한몸 일찍 귀가해주지 식의 당당함을 '예~에~ 암요. 여부가 있겠습니다'라며 받아주는 건 필수다.

남자들이 회식을 핑계로 밤늦게까지 동료들과 친구들과 시간을 보내고 온다는 것도 모른 척 넘어가준다. 아빠들이 운동을 간다, 낚시를 간다 등 취미생활할 때 엄마 혼자 독박육아를 하는 건 당연하고, 엄마가 주말에 아이들을 맡기고 운동 가고 문화생활을 즐긴다 하면 그 집 아빠 너무 멋지다며 칭송을 받는다.

힘든 사회생활과 경제적 능력에 대한 남자로서의 특권이라고? 왜 집에 있으면 비생산적이고 논다고 생각하는지 모르겠다. 당신 일하실 때 아내도 가사와 육아를 한단 말이다. 아내가 없으면 당신은 한 달에 유모에게 180만 원, 가사도우미에게 150만 원을 각각 지출해야 한다는 사실을 잊은 건 아니겠지?

이건 맞벌이 부부에게도 적용된다. 남편들은 퇴근하고 나면 집에서는 쉰다(대부분). 하지만 많은 맞벌이 엄마들은 퇴근 후에도 집안일들이 산더미같이 쌓인 채 기다리고 있다. H라인 스커트와 하이힐을 벗고는 앞치마를 두르고 고무장갑을 껴야 하는 게 엄마의 인생이다. 그러고도 집이 어수선한 것을 가족 모두에게 미안해하고, 특히 육아에 대한 책임도 혼자 감당하며 죄책감을 느낀다. 퇴근 후 그녀들도 텔레비전 리모콘을 잡고 그냥 쉬고 싶다.

평일에는 일하는 엄마들도 있고 해서 동네 엄마들끼리 가끔 주말에 두세 시간 티타임을 갖곤 한다. 그때마다 아이들을 아빠에게 맡기고 나온 엄마들에게 아빠들의 전화가 한 번씩 온다(난 절대 전화 안 한다며! 슬쩍 내 옆에서 곁눈질로 글을 훑던 나의 '전화 안 하는 예쁜 신랑'이 말한다. 그래 내 남편은 전화는 안 한다).

내용은 다양하다. 아이가 실수로 속옷에 쉬야를 했다는 전화부터 아이가 낮잠을 안 잔다, 점심으로는 무얼 먹나는 것까지.

　평소 살림꾼으로 소문난 한 엄마에게 왠지 신랑 점심을 다 차려놓고 나왔을 것 같다고 슬쩍 묻자 그렇다고 한다. 순식간에 다른 엄마들의 탄성이 이어졌다.

"그럴 줄 알았어. 뭐야, 나만 나쁜 와이프야!"

　이렇게 우리는 지나친 책임감에 너무 쉽게 나쁜 와이프 이자 엄마로 스스로에게 도장을 찍는다.

　엄마에게도 힐링이 필요하다. 종일 집을 쓸고 닦고 가꾸고, 24시간 7일 내내 아이들을 보살피고 돌봐야만 좋은 아내이자 엄마라는 생각은 생각만으로도 피곤하고 지친다. 피도 눈물도 없는 기계도 쉬지 않고 작동하면 과열되고 고장 난다.

　둘째를 낳고 백일이 갓 지났을 때쯤, 연일 회식이다 모임이다 귀가가 늦는 남편에게 섭섭한 적이 있었다. 종일 엄마만 찾는 두 아이를 한 명은 안고 한 명은 엎고 새우던 때였다. 여러 날을 파자마만 입고 정신없이 보냈으며 현관을 열고 신발이라는 걸 신고 나가본 게 언제인지 까마득하게 기억도 나지 않던 나날들이었다.

무척이나 답답하고 숨이 턱턱 막혔던 것 같다. 그날도 회식 후 너가 술을 마신 건지, 술이 널 마신 건지 비틀거리며 들어와 라면을 한 개만 끓여달라느니, 속이 안 좋으니 등을 쳐달라느니, 아이들이 예쁘다며 양치도 안 한 입으로 애들에게 뽀뽀를 하더니 결국은 둘째를 깨워놓고는 나몰라라 침대에 턱 쓰러진 남편을 보자니 눈물이 핑 돌았다. 엄마고 부인이고 난 못 하겠다 생각이 들었다.

무작정 지갑만 들고 집을 나섰다. 그때가 새벽 2시가 넘은 시간이었다. 집 나올 때는 비행기 타고 대륙도 갈아탈 기세였지만 이내 아직 젖을 떼지 못한 둘째가 밟혔다. 그날 나는 찜질방을 갔다가 24시간 커피숍을 갔다 평소 좋아했던 음료를 들고는 동이 트는 것을 보며 한참을 걷고 걸어 집으로 돌아왔다. 몇 시간이지만 아이 없는 외출을 하고 나니 숨통이 트이는 것 같았다.

'다들 내가 없어서 깜짝 놀랐겠지? 아이들이 너무 많이 운 거 아닐까? 잔뜩 취한 아빠가 애들을 잘 달랬을까?'

그제야 맘이 조급해진 나는 걸음이 빨라졌다.

'어디 갔었어? 네가 없으니 난리가 났어'를 기대하며 현관문을 열고 들어간 나는 집을 나서기 전 그 모습 그대로 너무 평화롭게 잠자고 있는 세 명의 서씨들을 보고는 헛웃음이 났다. 결국 내 인생 첫 번째 가출(?)은 아무도 모르게 그렇게 넘어갔다.

'난 이 회사에서 내가 없어선 안 될 존재 같았어. 그래서 너무 아파도 휴가도 못 내고 일을 했지. 근데 내가 그만두고 나서도 그 회사는 아무렇지 않게 잘 돌아가더라. 이상하리만큼!'

퇴사한 친구가 맘이 허하다며 넋두리를 했다.

우리 엄마들도 비슷한 마음이 아닐까? 친구들과 저녁 약속을 잡고 싶어도, 주말여행을 가고 싶어도, 혼자만의 시간을 갖고 싶어도 망설여지는 건 식구들에게 내가 없으면 안 될까 봐란 생각 때문이다. 내가 없으면 식구들이 식사를 거를까 봐, 아이가 울거나 다칠까 봐, 혹은 잠들지 못할까 봐 등등의 이유로 가족이라는 울타리 안에 나를 칭칭 친구 중 한 명은 외출 한번 하려면 청소하고 빨래 돌리고 반찬도 하고 이것저것 남편에게 일러두고 챙겨놓고 나와야 해서, 할 것이 너무 많아 그게 귀찮아 외출도 성가시다고 했다.

엄마가 잠깐 없다고 집이 두쪽 나는 건 아니다. 나 없으면 큰일 날 거란 생각은 접고 오는 기회는 잡고 기회가 없으면 기회를 만들어 혼자만의 시간을 가져야 한다.

어느 집은 엄마가 여행 전에는 꼭 사골을 끓인다고도 하고, 어떤 집은 카레를 잔뜩 만들어 놓고 간다고도 한다. 나는 이번 세미나 전에 무얼 만들어두고 가야 제일 좋을까 골똘히 생각해보았다. 결론은 후리가케. 선택의 기준은,

첫 번째, 쉽게 먹을 수 있어야 한다.

두 번째, 최대한 영양소를 골고루 섭취할 수 있어야 한다.

세 번째, 여러 가지 요리로 활용이 가능해야 한다.

맞다! 후리가케만 있으면 주먹밥도 만들고 볶음밥에 활용해도 좋다. 달걀말이에 넣어 활용해도 좋고 별다른 반찬

이 없어도 쓱쓱 비벼 먹으면 맛도 영양도
굿이다. 후리가케는 잔새우나 멸치, 김, 참
깨 등을 이용해 만든 일식 수제 조미료이다.

조미료라고 하면 왠지 MSG가 먼저 생각나는 우리지만
사실 후리가케는 '뿌려 먹는다'는 뜻을 가진 일본어로, 다이
쇼 시대 초기 약제사인 요시 마루스에키치라는 사람이 생
선을 뼈째 곱게 갈아 칼슘이 부족한 일본인들이 좀 더 쉽게
칼슘을 보충할 수 있도록 만든 약이었다고 한다. 그야말로
이것은 MSG 걱정 없는 건강 조미료이다. 짭조름하면서도
고소한 후리가케는 우리 아이들에게는 밥도둑과 다름없다.

잔새우나 멸치는 믹서에 갈기 전에 마른 팬에 살짝 볶아
주면 비린내도 날리고 구수함을 살릴 수 있어 좋다. 원래
는 마른 팬에 잔새우, 멸치, 김, 참깨만 넣을 예정이었지만
볶다보니 견과류도 넣으면 좋을 것 같고, 당근도 넣어 주
고 싶고, 쇠고기도 넣으면 좋을 것 같아 재료가 점점 늘어
났다. 살짝 거칠게 갈아 식감을 살린 후리가케를 잘 밀봉하
여 친정집 냉장고에 넣어두니 그나마 마음이 든든해졌다.

커다란 캐리어에 차곡차곡 짐을 담는 날 보더니 둘째 딸
은 캐리어에 비집고 들어가 고 작은 몸을 더 작게 웅크리

고는 나지막이 말한다.

"나도 데려가."

가지 말라고 말리던 신랑보다 더 내 발걸음을 무겁게 하
는 말이었다.

"엄마 금방 올게. 더 멋진 모습으로 금방 올게."

공항으로 향하는 마음은 가족들 생각에 그렇게도 짠하
더니 미국에 도착하여 Welcome to Sanfrancisco 간판을
보는 순간 입가에는 미소가, 심장은 바운스바운스, 발걸음
은 날아갈 듯 행복했다.
나를 위한 선택에 미안해하지 말자. 엄마에게 자유는 힐
링이자 기회다!

가끔 시댁 일로

속상할 때도

있어

〈입맛소환 비빔국수〉

"며느리로서 도리를 잘하고 있는지 생각해보고 지난날
을 돌아보렴."

아… 이게 무슨.

이런 날이 오기까지는 6년 전으로 거슬러 올라간다.

나는 누구에게나 싹싹한 편이었다. 특히 어른들에게는.
친구들 역시 시집가서도 잘할 거라며 그런 나를 추켜세웠
고 나 역시 자신 있었다. 그런데 결국은 이런 이야기를 듣
는 날이 오고야 만 것이다.

"난 잠실은 절대 안 가. 거기 우리 시댁이 있잖아."

결혼 전 기혼자인 친구와 약속을 잡는데 잠실을 제안하자 돌아오는 답변에 뭘 그렇게까지 하냐며 핀잔을 준 건 나였다.

결혼 초 나는 다른 며느리들처럼 노력이란 걸 했었다. 안부 전화도 자주 드리고, 시댁 식구들을 초대해 맛있는 식사를 대접하기도 했다. 아프다 하시면 아기띠를 하고는 장을 봐 시댁으로 가서 죽을 끓여 들이기도 했고, 이대로면 앞으로도 별 탈 없이 잘 지낼 수 있을 것 같았다. 그 당시 우리 집은 시댁에서 가깝고 친정에서는 거리가 조금 있는 편이었다.

많이는 아니어도 일주일에 한두 번 시댁에 안부 전화를 드리는 나와는 달리 신랑은 장모님에게 안부 전화 한 통을 안 하는 듯 보였다. 아빠도 안 계시고 엄마 혼자이신데 큰 사위가 좀 더 싹싹했으면 내심 바랐다.

"여보, 우리 엄마한테 전화 드린 적 있어? 전화 한번 드려."
"우리 그냥 각자 하자, 각자."

돌아온 답이 섭섭했다. 결국 7년이 지난 지금까지도 신랑은 장모님에게 안부 전화 0회라는 기록을 세우고 있다. 그렇게 몇 번을 신랑에게 투정부렸지만 달라지는 건 없었다.

그리고 나서 나도 일주일에 한 번 하던 게 2주에 한 번, 그러다 한 달에 한 번이 되었고 그렇게 안부 전화 횟수는 점점 줄어들었다. 그러다보니 전화 드리면 꾸중 듣기 일쑤였다. 섭섭한 일들도 생기고 그렇게 악순환이 시작되었다. 안부 전화 안 한다고 시부모님과 시누이에게 좋지 않은 이야기를 들을 때면,

"사위도 안부 전화 안 한답니다."

속 시원히 이야기하고 싶지만 그마저도 '네가 먼저 잘해야지 오죽하면 우리 애가 그러겠니'라는 묘한 답이 돌아올까 봐 참았다.

나라고 이런 관계가 마음 편할까? 가끔 우리 시댁 최고라며 시어머니와 얼굴이라도 맞댄 SNS 소식을 볼 때면 나는 못되서 그리 못 지내는 건가 죄책감도 들다가 이내 섭섭했던 일이 떠올라 마음을 닫는다. 하지만 이런 마음앓이

를 하는 게 나쁜 만은 아닌 것 같다. 가끔 올라오는 기사나 소식들에 달린 며느리들의 댓글에 나 혼자만 나쁜 며느리는 아니구나 싶어 위로를 받기도 한다.

유독 사위에게 바라는 처가 이야기보다 며느리에게 바라는 시댁 이야기가 많이 들린다. 나만 해도 여태껏 친정엄마는 사위가 안부 전화 안 한다고 물어보신 적도 없으시다.

오히려 내가 "엄마, 사위가 전화 안 하면 섭섭하지 않아?" 물으면 "서로 바쁜데 무슨 안부 전화야 잘 지내면 됐지. 할 말도 없어 얘!"라며 고개를 저으신다.

반쪽짜리 워킹맘이지만 일을 해야 하는 터에 지금은 친정과 같은 동네로 이사를 왔다. 신랑은 가까이 사는데 무슨 안부 전화냐 하지만… 이보게 자네 가까이 살지만 장모님 얼굴 한 달에 한 두어 번은 보시나? 묻고 싶다.

물론 사위로서 가끔 맛있는 것도 사드리고 때마다 용돈도 챙겨드린다. 아! 기회가 되면 여행도 함께 간다. 고마운 일이다(그러나 그건 나도 시댁에 하는 거고).

결혼 10년차가 되어가는 친구는 이제는 시부모님께 서운한 거 다 말씀드릴 정도로 베짱이 생겼다며 눈썹을 씰룩거렸다. 난 7년차. 아직 그만한 짬밥은 아닌지 이런저런 하고 싶은 말들을 꾹꾹 눌러 담으며 듣기만 했다. 이런 말을 할 걸 그랬다고 뒤늦게 후회도 했지만 결국은 그냥 듣기만 한 게 잘한 거 같다고 스스로 위로도 했다.

지금에야 이런 일을 책으로까지 쓰게 되었지만 사실 나는 좋지 않은 일에 대한 내 속마음을 주변에 쉽게 이야기하는 스타일은 아니다. 20년 넘게 나를 지켜본 한 친구는 듣기만 하지 자기 속이야기를 잘 안 한다며 섭섭해 하기도 했다. 그날도 이런 이야기를 들었다고 주변에 이러쿵저러쿵 이야기할 기분은 아니었다. 그러나 우연히 친구에게 전화가 왔고, 친구는 만사가 귀찮은 듯한 내 목소리에 무슨 일이 있냐며 눈치 빠르게 물었다.

"야야, 애초부터 피 한 방울 나누지 않은 사람들이 모여 오늘부터 우리 한 가족이다! 하는데 트러블이 안 생기면 그게 더 비현실적이지. 스트레스 받지 말고 매운 비빔국수나 쓱쓱 비벼 먹고 잊어. 스트레스에는 매운 음식이 최고다!"

호탕한 친구의 대답이 오히려 시원했다. 이래라 저래라 훈수를 두는 답이었다면 내 마음이 더 답답했을 것이다. 배는 전혀 고프지 않았고 밥 생각 역시 없었지만 전화기 너머 친구의 위로와 처방을 받아들이기로 마음먹었다. 매운맛은 뇌를 자극해서 아드레날린을 분비해 그 순간은 스트레스 반응을 일으키지만 시간이 지나면서 엔도르핀을 분비해 만족감을 주고 스트레스를 해소해준다고 알려져 있지 않은가. 또한 매운맛을 내는 캅사이신이란 성분은 혈관을 확장시켜 혈액 순환을 촉진시키게 해 몸에 열이 나며 땀을 내 순간적으로 체온을 떨어뜨리기도 한다니, 화가 나 귀에서 뿌뿌 연기가 날 것 같다면 매운맛으로 그 화를 다스려 보는 것도 방법일 것 같다.

바글바글 끓는 물에 소면을 촤르르 넣고 맵디매운 고추장에 고춧가루까지 팍팍 넣어 양념장을 만들었다. 그도 모자라 청양고추까지 송송 썰어 넣고는 김치를 조물조물 무치니 입이 얼얼해지는 양념장이다.

거기에 엄마가 싸주신 김장 김치 국물을 한 국자 떠 넣으니 떨어졌던 입맛이 슬금슬금 돌았다. 친정 맛이 나는 김치에 국수를 돌돌 말아 입에 넣으니 울컥했다.

'나도 그랬어. 엄마도 다 겪은

233

일이야'라며 같은 며느리로서 엄마가 토닥토닥 해주는 것
같아서…….

"엄마 매워서 울어?" 묻는 아이에게 "응 맵다 매워" 답하
니 '그럼 설탕 뿌려'란 답이 돌아온다. 결국은 피식 웃고 만
다. 그때 방금 전 그 친구에게 기막힌 카톡이 하나 왔다.

"매운 거 먹으니 힘 좀 났어? 매운 시집살이가 오늘 내일
일은 아닌가보다. 시집살이 민요란다. 듣고 힘내라!"

"형님 온다 형님 온다 보고저분 형님 온다

형님 마중 누가 갈까 형님 동생 내가 가지

형님 형님 사촌 형님 시집살이 어떱데까?

이애 이애 그 말 마라 시집살이 개집살이

앞밭에는 당초 심고 뒷밭에는 고추 심어

고추당초 맵다 해도 시집살이 더 맵더라…

〈중략〉

시아버지 호랑새요 시어머니 꾸중새요

동세하나 할림새요 시누하나 뽀족새요

시아지비 뽀중새요 남편하나 미련새요

자식하난 우는새요 나 하나만 썩는 샐세…"

뭐 이런 노래가 있나 싶어 몇 번을 깔깔거리며 들었다.
엔도르핀이 제대로 돌긴 돌았나보다.

시집 와서 마음 쓰이고 힘든 일은 있지만 시부모님과 함
께 사는 것도 아니고, 내가 하는 시집살이는 사실 시집살
이라고 할 것도 없다. 물론 더 잘 지내는 집도 있겠지만 더
힘든 며느리도 주변에 많다. 다음부터 잘하면 되지,라며 훌
훌 털고 일어나면 되는 거다.

하지만 난 보기보다는 쿨하지 못한 여인… 곪았던 일
이 가끔 이렇게 터지면 후유증이 몇날 며칠을 간다. 속이
쓰리고 맵다. 이번에도 한동안 가슴에 많이 남을 것 같다.

슈퍼맨을 원하는

아빠 육아는

그만

〈화이팅 아빠 달걀 야채빵〉

아이를 잘 키우려면 아이의 인내력, 할아버지의 재력, 엄마의 정보력, 아빠의 무관심이 필수 요건이라는 우스갯소리가 있다. 그렇게 아빠의 육아 무관심을 당연시 여기던 것이 이제 옛말이 된 걸까?

서점에는 아빠 육아법에 대한 책들이 깔리고 문화센터에서는 아빠와 함께 듣는 키즈 수업들이 성행중이다. 이런 흐름을 제대로 반영하고 있는 것이 각종 아빠를 끌어들인 예능프로그램이다. 아직 아빠들의 육아 휴직은 꿈같은 이야기이기는 하지만 그 꿈같은 이야기를 현실로 만들어가는 아빠들이 해마다 늘어간다고 한다. 정말 아빠 육아 시대가 온 것일까?

"난 우리 신랑이 아기만 태어나면 텔레비전에 나오는 아빠들처럼 변할 줄 알았어."

한 친구는 막상 아기가 태어났는데도 남편이 육아에 두 팔을 걷어붙이지 않는 것이 섭섭하다며 하소연을 했다. 나 역시 남편의 육아 참여가 100퍼센트 성에 차지 않았다.

텔레비전에 나오는 아빠들은 아이들을 씻기고, 먹이고, 맘껏 놀아준다. 아이를 보는 동안 휴대폰은 쳐다보지도 않는다. 오로지 아이들에게만 집중한다. 아이들 얼굴에는 웃음꽃이 핀다. 나의 남편도 그랬으면 했다. 모든 아빠들이 그렇게 육아를 할 것만 같은 환상을 대중매체가 심어준 것이다.

하지만 그들은 그런 프로를 찍으며 돈을 버는 유동적인 스케줄을 가진 예능인들이다. 혼자 아이를 보는 것 같지만 아이마다 작가들이 따라다니며 케어를 해주고 수많은 스텝들이 아이가 입을 옷, 먹을 것, 가지고 놀 것, 놀러갈 장소들을 정하고 챙겨준다.

우리 남편들은 다르다. 아이를 낳으면 고작 2~3일이라는 적응기도 되지 못하는 형식적인 짧은 휴가를 받는다. 그리고 바로 아이와 아내는 조리원이나 처가에 맡긴 채 다시 일상으로 돌아간다. 아침 일찍 일어나 출근하고 일주일에 두세 번은 야근에 회식에 지칠 대로 지쳐 집으로 돌아온다. 그들에게 텔레비전 속 아빠의 모습을 바라는 것은 비현실적인 욕심 아닐까?

그전에 우리는 과연 아빠들이 바라는 이상적인 어머니상일까? 아빠들 역시 CF에 나오는 비현실적인 가족들처럼 아이는 방글방글 웃으며 누워 혼자 놀고, 아내는 뽀얀 화장에 단정한 머리를 하고는 맛난 음식을 한상 거하게 차려 화사하게 남편을 맞이하는 것을 꿈꾸었을 것이다.

하지만 실상은 웬걸, 아이는 칭얼칭얼 밤낮으로 울고 보챈다. 아내는 왜 이제야 오는 거야 원망 가득한 눈빛으로 자신을 쳐다보고 몰골은 영락없는 그냥 팍 퍼진 아줌마다. 게다가 '아이 키우는 게 얼마나 힘든 줄 알아? 너도 이 육아 좀 같이 하자'며 아내는 짜증을 낸다. 아… 내가 남편이라도 도망가고 싶을 거 같다.

우리 남편은 늘 이야기한다. 나도 집에서 아이 키우며 살고 싶다고. 아이 키우는 것이 꽤나 편하고 수월해 보이나

보다. 얼마나 힘든지 당신이 해보라고 으름장을 놓자, 내가 아이를 키우면 돈은 네가 버는 거냐고 환하게 아주 환하게 웃는다.

엄마는 열 달 동안 뱃속에서 아이를 키운다. 같이 느끼고 같이 먹고 같이 잠든다. 그렇게 아이와 엄마는 교감을 하고 하나가 된다. 하지만 아빠들은 아니다. 아이를 위해서 태교 동화도 읽어주고 태교 교실도 다니는 아빠들도 있지만 뱃속에 아이를 품고 사는 엄마들에 비하면 턱없이 부족한 시간이다. 나는 나쁜 아빠가 아닌 바쁜 아빠일 뿐이라는 그들의 외침이 들리는 듯하다.

"우리 회사 사람들이 아이들만 데리고 캠핑을 가자는데……."

신랑네 회사도 텔레비전 프로그램의 영향을 받았나보다. 갑자기 아이들만 데리고 캠핑을 가자는 이야기가 나왔다는 걸 보면… 그러자 아이들이 묻는다.

"엄마는? 엄마는 안 가고? 그럼 나도 안 갈래."

단호하다. 아빠가 새초롬히 삐친다.

신랑은 평일에는 늦은 귀가와 피로로 못 다한 육아를 주말에라도 하려고 노력하는 편이다.

어느 날은 뜬금없이 마트에서 시판 베이킹믹스 제품을 잔뜩 사왔다. 이게 다 뭐냐 물으니 애들과 함께 요리를 하면 좋다는 글을 읽었다는 것이다. 번거로운 계량이나 까다로운 과정 없이 간단히 아이들이 좋아할 만한 것을 만들 수 있으니 아빠 입장에서는 이만한 아이템이 없었나보다.

잠시 외출 후 돌아와보니 아이들이 아빠와 만든 쿠키, 머핀, 팝콘 그리고 호떡까지 온갖 믹스로 만든 디저트들이 주방 가득 펼쳐져 있었다. 정신은 없었지만 공간공간마다 아이들과 아빠가 얼마나 즐겁고 돈독하게 추억을 만들었을지 보지 않아도 알 수 있었다.

믹스가 너무 많이 남았다고 난처해하는 신랑에게 와이프가 요리하는 사람인데 별걱정을 다한다며 팔을 걷어붙였다.

평소에 아이들이 골라내기 바빴던 야채들을 잘게 다져 물 대신 우유를 넣고 머핀 틀에 반죽을 채워 넣었다. 서로 내가 하겠다 나서

는 아이들이 반죽 위에 달걀을 하나씩 깨 올려준 뒤 피자를 시켜 먹을 때마다 딸려 오던 파마산 치즈가루를 솔솔 뿌려 오븐에 구워냈다. 든든하고 영양가 높은 간식이 순식간에 만들어진다. 시판 믹스의 최대 장점은 실패 확률도 적고 과정도 단순하지만 좋은 결과를 쉽게 낼 수 있다는 것이다.

텔레비전 속 아빠 육아를 보고 가부장적이었던 우리들의 아빠가 아닌 새로운 아버지상에 엄마들은 열광했다. 삼둥이 아빠는 애 셋을 데리고 마라톤도 나가는데 고작 애 둘도 못 보냐며 우리 남편들을 원망하기도 했다. 하지만 평범한 아빠들은 텔레비전 프로그램을 통해 완벽한 그들처럼 해야 할 것만 같은 부담이 컸을 것이다. 결국 엄마가 바라는 아빠 육아와 아빠들이 할 수 있는 아빠 육아 사이에 균열이 생기고 마는 것이다.

만들어보고 싶긴 하지만 자신이 없어 섣불리 집에서 베이킹을 하기가 겁난다는 한 수강생에게 시판 베이킹믹스를 이용한 쉬운 빵부터 만들어보라는 조언을 드린 적이 있다. 도움이 필요할 때 우리가 찾게 되는 다양한 디저트 믹스 제품들처럼 아빠들의 육아에도 도움이 필요하다.

처음부터 너무 무리하게 기대하지 말자. 시판 믹스를 이용하여 쉬운 것부터 차근차근 시작해 재미를 붙이게 되면, 어느덧 오븐이 친숙해지고 재미를 붙이고 만드는 즐거움과 기회를 동시에 거머쥐게 되는 것처럼 아빠 육아도 쉬운 것부터 하나씩 시작해볼 수 있도록 도와주자.

슈퍼맨이 돌아왔다와 현실 사이에서, 경제적으로나 시간적으로나 여유로운 연예인과 일반 우리 아빠들 사이에서 우리는 모방이 아닌 성찰이 필요하다.

그들이 제시하는 이상적인 아빠상처럼 일반적인 사회생활을 하는 아빠가 육아를 주도한다는 것은 현실적으로 불가능하다. 처음부터 1박2일 아빠 어디가를 찍는 건 아이에게도 아빠에게도 부담스럽다.

하루 십 분부터 시작하는 게 좋겠다. 아이가 좋아하는 친구는 누구인지, 오늘 유치원에서는 어떤 노래를 배웠는지, 좋아하는 동화책을 같이 읽어보고 즐겨하는 놀이를 함께 하는 것부터 시작해보는 건 어떨까.

무뚝뚝한 경상도 남자였던 친정아버지는 우리와 잡기놀이를 한다거나 동화책을 함께 읽는 일보다는 우리가 동요한 곡을 부르는 몇 분 동안 고개를 흔들거리고 박수를 치시며 그것으로 가정에서의 아빠 육아를 대신하셨다. 하지

만 어린 시절 온전히 나만 바라보며 즐거워하시던 그 모습이 너무 좋은 기억으로 남아 있는 것은 아빠가 나에게 집중하고 있구나, 이 순간만큼은 아빠에게 내가 전부구나를 느끼게 해주었기 때문인 것 같다.

하루 5분, 10분을 놀더라도 스마트폰과 텔레비전은 잠시 멀리 두고 아이에게만 집중한다면 아이는 그 짧은 시간만큼 아빠와 돈독하고도 깊은 유대감을 서서히 쌓게 될 거라 의심치 않는다.

물론 이를 지켜보는 엄마의 호응도 필요하다. 텔레비전 속 방청객의 웃음과 감탄이 방송의 감초 역할을 하듯이 아이만 맡겨두고 나 몰라라 이제 난 자유부인 하는 것보다, 처음 육아를 해보려는 남편들에게 '와~ 진짜 아이들이 좋아하네. 여보가 놀아주니 애들이 너무 신나 보인다' 등 아낌없는 감탄과 응원을 퍼부어주자.

우리 모두의 행복을 위해!

그래도

결혼은 잘했다고

생각해

〈불금 까수엘라〉

20대 중반 우리 나이로는 조금 일찍 결혼을 한 친구가 있다. 신랑의 직장 때문에 지방에 신접살림을 차렸고, 친구네 집들이 겸 놀러가 하루를 지낸 적이 있다. 초대 받은 친구들 여럿이 작은방에 나란히 누워 잠을 청하려는데 방 한구석에 예쁜 선물 박스가 눈에 들어왔다. 잠자리를 봐주러 방에 들어온 친구에게 결혼하니 좋으냐고 물으니 이야기를 꺼낸다.

"좋을 때도 있고, 다툴 때도 있고 그래. 근데 난 너희들도 진짜 좋아하는 사람이랑 결혼했음 좋겠어. 내가 결혼해보

248

니까 그래야 할 것 같더라."

　그리고는 그 구석에 놓인 선물 상자를 끌어당기며 말을 이었다.

　"싸우고 얼굴도 보기 싫을 때가 있어도 집이 좁으니까 이리 가도 눈에 띄고 저리 가도 눈에 띄는 거야. 그래서 이 방에 들어와 씩씩거리고 있었는데 이 상자가 눈에 띄더라."

　열어본 그 상자 안에는 십 년을 꽉 채워 연애한 그들의 세월이 고스란히 담겨 있었다. 내 친구가 영국으로 교환학생을 갔을 때, 남자친구가 군대에 가 있을 때 주고받은 편지들을 읽고 있자면 그 어떤 서운한 마음도 다 풀린다는 거였다. 그 친구를 시작으로 또 그 친구의 바람대로 우리는 모두 오래오래 연애를 한 연인들과 그렇게 결혼했다.
　나 역시 살아보니 신랑한테 섭섭할 때도 있고, 이해할 수 없는 부분도 있지만 마무리는 결국 그래도 이 사람이 내 사람이라는 생각으로 마음이 정리가 된다.
　친구와 길을 걷다가 풋풋한 커플들의 꽁냥꽁냥 연애하는

모습을 보고는 "아 나도 연애하고 싶다!"라고 내뱉으니 친구 역시 격하게 공감하며 "우리 너무 일찍 결혼한 것 같지 않냐?"라며 36살 나이를 잊고 길거리에서 까르륵거린 적이 있다. 그렇게 한참 서로의 결혼생활에 대한 이야기를 나누다가 결론은 '우린 다시 결혼을 해서도 지금의 남편들과 결혼을 했을 거 같지?'라며 훈훈하게 대화를 마무리했었다.

결혼식장에서 너무 환하게 웃는 바람에 신부가 너무 웃는다며 놀림도 들었고, 결혼 초기에는 이 좋은 걸 왜 이제야 했는지 모르겠다고 했다가 친정엄마 마음을 서운케도 했었다. 그렇게 한없이 좋을 줄만 알았는데, 아이도 같이 키우고 7년차 결혼생활을 하다보니 좋은 날이 있으면 다투는 날도 있었다.

태어나서부터 함께 자란 형제자매끼리도 수없이 다투고 화내기도 하는데 하물며 20년 훌쩍 넘게 다른 환경에서 살다가 고작 수년 알고 결혼한 우리가 척척 뭐든 다 맞아떨어진다면 그 또한 재미는 없을 것 같다.

우리의 성격상 큰소리를 내거나 화를 내뱉는 스타일이 아니라서 누가 보면 그건 삐친 거지 다투는 게 아니라고 하기도 하지만, 그래도 우리도 맞지 않는 부분이 분명히 있고 다투기도 하는 평범한 부부이다(다툰 일의 예를 들어보려고 지금 곰곰이 생각하는데 기억도 안 날 만큼 별거 아닌 일로 싸우곤 했다).

하루는 옆에 앉아 있는데 숨소리도 너무 크게 들리고 얼굴도 마주하기 불편했다. 그렇게 하루가 지나고 이틀이 지나고 어느 날 저녁에 가만히 남편 잠든 모습을 보는데 그냥 피식 웃음이 나오는 것이다.

"내가 만약 나보다 나이가 훨씬 많은 오빠랑 결혼을 했다면 이것저것 더 의지도 많이 하고 기대도 많이 했을 거야. 물론 가장으로서 이것저것을 해내야 하는 것도 당연시 했을 거고. 그런데 창수는 나랑 동갑이잖아. 친구 같은. 나랑 동갑내기 친구가 가장으로서 저리 일하고 돈 벌고 하는 게 어쩔 때는 너무 짠하고 대단하고 고마워."

20대 초반 지금의 남편을 만났다. 처음에는 친구로 1년쯤 알고 지내다가 연인이 되었다. 둘 다 수려한 외모의 소유자가 아니다보니 서로의 첫인상은 그렇게 임팩트 있진 않았던 것 같다. 매일 보다보니 정든 케이스랄까.

지내다보니 좋은 점들이 보이기 시작했고, 그렇게 우리

는 다른 연인들처럼 사랑하고 싸우고 헤어졌다 다시 만나고를 반복하며 6년의 시간을 함께했다. 가끔 나에게 사람들은 이렇게 묻는다.

'남편이 잘해줘?'

텔레비전 속에는 왕자님들이 너무나 많다. 좋은 집에서 멋진 음식을 함께하고 화려한 선물도 사주고 근사한 곳에서 달달한 이야기를 속삭이는 그런 왕자님 말이다. 흔히 텔레비전 속 실장님 같은 왕자님과 평생을 함께하는 생각을 하겠지만 내 남편은 그런 면에선 왕자님과 거리가 멀다(현실은 나 역시 공주님이 아니니까).

살아보니 동화책에 나오는 것처럼 훤칠하고 조건 좋은 남자와 좋은 드레스를 입고 궁전에 살아야만 행복한 여자인 것은 아니라는 생각이 든다.

오늘 속상한 일이 있었을 때 혀 짧은 소리를 내며 응석부리면 들어주는 사람이 있다는 거, 언제든 같이 공원에서 캐치볼을 할 사람이 있다는 거, 그리고 주말 저녁 거실에 웅크리고 앉아 함께 미드를 즐길 수 있는 사람이 있다는 거,

고깃집에서 잘 구워진 고기를 내 밥그릇에 올려놔주는 사람이 있다는 것들이 오히려 순간순간 이 사람과 결혼하기 참 잘했다라는 생각이 들게 한다.

특히 나는 신랑과 금요일 저녁 맥주를 마시는 시간을 너무 좋아한다. 연애할 때도 우린 금요일마다 맥주를 마시며 이런저런 이야기를 나누고 추억을 쌓았다. 그 때문일까? 아무리 맘 상하는 일이 있어도 신랑과 맥주 한 잔에 영화 한 편이면 스르륵 풀리곤 한다. 진정 우리에게 맥주는 사랑의 묘약과도 같은 것일까?

까수엘라는 스페인어로 '작은 냄비'를 뜻한다. 우리나라 뚝배기와 같은 토제 냄비에 올리브 오일과 마늘, 새우를 넣고 뭉근하게 새우를 익혀 먹는 간단한 요리이다. 들어가는 재료도 만드는 과정도 너무 간단하여 설거지가 많이 나오지 않아 추천 메뉴다!

한두 시간짜리 영화를 보며 천천히 먹어도 그릇 탓인지 올리브 오일 탓인지 끝까지 따뜻하게 새우 요리를 먹을 수 있어서 또 추천! 이래저래 안주로 사랑할 수밖에 없는 요리이다.

두꺼운 뚝배기 냄비에 올리브 오일을 콸콸 붓고 마늘을 충분히 넣어 향을 낸다. 올리브 오일과 마늘은 진정 찰떡궁합이다. 올리브 오일은 발화점이 낮아 자칫 너무 높은 온도로 조리하면 불이 날 수 있다. 낮은 불로 서서히 데우는 것이 이 요리의 포인트이다. 그렇게 느리게 완성된 요리는 천천히 맛을 유지시켜 오랫동안 따뜻한 상태를 유지시켜준다.

사랑도 비슷하다. 불꽃처럼 타올랐다가 찬물을 끼얹은 것처럼 돌연 식어버리는 양은 냄비 같은 사랑으로는 부부가 되기도 힘들고 가정을 이루기도 힘들다. 아무리 좋은 사람, 착한 사람을 만난들 길어야 석 달인 짧은 연애들은 늘 그런 식의 상처만 남긴다.

두 사람이 만나 결혼을 한다는 것은 서로에게 책임감을 가지고 깊은 유대로 특별한 관계를 맺는 것이다. 결혼은 하고 싶지만 나는 자유로운 영혼이기에 소속감 따위는 질색이야 하는 사람들을 보면 그 아이러니함에 고개를 갸웃하게 된다. 물론 내가 좋아하니까 너도 좋아해야 하고 내가 싫어하니 너도 싫어해야 한다는 식으로 상대방과 나의 차이를 무시하는 것도 위험하다.

"결혼을 하면 긴장하지 않아도 되니 좋아"라는 의견 역시 반대이다. 서로에게 이성적인 매력을 잃지 않도록 긴장하는 것은 결혼생활에서 중요하니까.

신랑과 단 둘이 있으니 너무 어색했다는 씁쓸한 이야기가 내 이야기가 되지 않도록 오늘도 난 맥주의 힘을 빌려 도란도란 신랑과 둘만의 이야기를 만든다.

물론 새우와 마늘 냄새가 나기에 너무 가까이는 앉지 않는 걸로!

Serving Size : 2인분
1컵=200cc

찰떡궁합 돼지보쌈과 부추 겉절이

재료

돼지고기 삼겹살 600g, 맥주 1.8L, 부추 80g, 양파 1/4개, 홍고추 1개

〈겉절이 양념〉

양조간장 1/2큰술, 참기름 1/2큰술, 양조 식초 1/2큰술, 고춧가루 1/2큰술, 올리고당 1/2큰술, 통깨 약간

1. 맥주를 냄비에 넣고 끓기 시작하면 돼지고기 삼겹살을 통으로 넣고 뚜껑을 연 채로 40분간 삶아 익힌다.

2. 부추는 5cm 길이로 썰고, 양파는 채썬다. 홍고추는 어슷 썬다.

3. 겉절이 양념은 분량대로 섞는다.

4. 볼에 부추, 양파, 홍고추를 넣고 먹기 직전에 양념을 넣고 버무린다.

5. 익혀낸 보쌈은 5mm 두께로 썰어 부추 겉절이와 함께 담아낸다.

부탁해요 바비큐 폭립

재료
베이비폭립 700g, 맥주 1.6L

〈바비큐 소스〉

황설탕 1과 1/2큰술, 물엿 3큰술, 다진 생강 1작은술, 다진 마늘 1큰술, 다진 양파 3큰술, 토마토케첩 6큰술, 양조간장 3큰술, 물 200ml

1. 베이비폭립은 끓는 맥주에 넣고 40분~60분간 삶아낸다.

2. 양파는 잘게 다진다.

3. 분량의 재료를 섞어 소스를 만들어둔다.

4. 달군 프라이팬에 섞어 놓은 소스를 붓고 폭립과 함께 약불에서 조린다.

5. 적당히 간이 베이면 접시에 보기 좋게 담는다.

베이비 밥도둑 홈메이드 후리가케

재료

마른새우 40g, 소금 2작은술, 설탕 2작은술, 참기름 2작은술, 흑임자
20g, 조미 파래김 20g, 볶음용 멸치 40g

1. 팬에 참기름을 1작은술 두르고, 중불에서 마른새우과 멸치, 흑임자를 각각 1분간 볶아 따로 둔다.

2. 볶아낸 새우와 멸치, 파래김, 소금, 설탕을 섞어 블렌더로 10초간 거칠게 갈아준다.

3. 〈2〉와 볶은 흑임자를 섞는다.

*후리가케는 천연 조미료로 활용 가능하다.
찌개, 국, 죽, 주먹밥이나 유부 초밥, 비빔밥의 맛을 더욱 풍부하게 하고 싶을 때 적당량 넣으면 짭쪼롬한 감칠맛이 더해져 좋다. 또한 달걀말이나 달걀찜에 넣어도 영양학적으로 좋다.

입맛소환 비빔국수

재료

소면 160g, 잘 익은 배추김치 1/2컵, 삶은 계란 1개, 청양고추 1개, 오이 1/3개, 참깨 약간

〈김치 양념〉

올리고당 1작은술, 참기름 1작은술

〈비빔 양념〉

고추장 2큰술, 양조간장 1큰술, 양조식초 1큰술, 설탕 1큰술, 참기름 1/2큰술, 통깨 약간

1. 끓는 물에 소면은 중불에서 3분 30초간 익혀낸다.

(물이 끓어오르면 찬물을 반 컵 정도 부어 가라앉힌다.)

2. 삶은 소면은 흐르는 찬물에 비벼 씻어 물기를 빼둔다.

3. 비빔 양념은 분량대로 섞어둔다.

4. 배추김치는 잘게 송송 썰어 양념에 무치고, 청양고추도 송송 썬다.

5. 오이는 채썰고 계란은 1/2등분한다.

6. 그릇에 삶은 소면과 오이, 김치, 고추, 계란을 어우러지게 담고 비빔 양념을 적당히 넣고 비벼 완성한다.

화이팅 아빠 달걀야채빵 (Serving Size : 6개 분량)

재료

시판 핫케이크 가루 2컵, 우유 1컵, 달걀 1개(반죽용), 샌드위치용 햄 3장,
체다치즈 3장, 달걀 6개(〈4〉과정용), 다진 당근 2큰술, 다진 브로콜리 2큰술

1. 시판 핫케이크 가루와 우유, 달걀은 잘 섞는다. 햄과 치즈는 사방 1cm 크기로 썬다.

2. 종이컵에 반죽을 1/4컵 담고, 샌드위치용 햄과 체다치즈, 당근, 브로콜리 잘게 자른 것을
   올린다.
*이때 종이컵에 식용유를 가볍게 바르면 빵이 잘 떨어진다.

3. 종이컵에 랩을 씌운 뒤 전자레인지에서 1분간 익힌다.

4. 〈3〉을 꺼내 달걀을 하나씩 조심스럽게 깨어 넣는다.

5. 샌드위치용 햄과 치즈를 다시 올린 뒤 랩으로 덮어 2분~2분 30초간 전자레인지로 돌
   려 완성한다.

*햄이나 치즈 대신 바나나 또는 건과일 등을 넣어 만들어도 좋다.

*오븐이 있다면 달걀까지 올린 뒤 180도에서 20분간 구워낸다.

불금 까수엘라

재료

중하 새우 10마리, 올리브 오일 1/2컵, 다진 마늘 1큰술, 깐마늘 6개, 페페로치노 4개, 양송이버섯 3개, 바질 2장, 화이트 와인 또는 청주 1큰술, 소금, 후추 약간

1. 중하 새우는 머리, 겉껍질, 내장을 제거한 뒤 와인이나 청주에 재워 소금, 후추로 밑간한다.

2. 깐마늘은 납작하게 편썬다.

3. 양송이버섯은 1/4등분한다.

4. 냄비나 뚝배기에 올리브 오일을 두르고 다진 마늘, 편으로 썬 마늘, 페페로치노를 넣고 약불에서 데운다.

5. 마늘이 튀겨지기 시작하면 버섯과 중하새우를 넣고 새우를 익힌다.

6. 마지막에 다진 바질을 넣고 불을 끈다.

*페페로치노는 이태리 건고추다. 없다면 우리나라 건고추를 가위로 잘라 넣어 매콤함을 내도 좋다. 새우를 다 먹고 남은 올리브 오일에 바게트 빵을 찍어 먹어도 좋고, 알리오올리오와 같은 올리브 오일 파스타를 만들 때 활용하면 좋다.

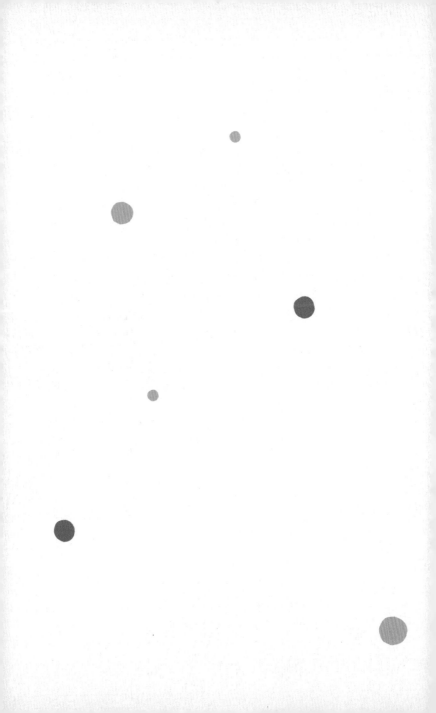

육아로 고된 당신,

조금은

이기적이어도 괜찮아!

아날로그식

육아가

그리워

〈아날로그 버터 달걀 비빔밥〉

스마트폰만 없었어도… 생각한 적이 있다. 퇴근한 남편은 보통 스마트폰을 하며 휴식을 취한다.

농구, 배구, 축구, 야구 등 공으로 하는 모든 스포츠경기와 최신 뉴스를 번갈아가며 읽고, SNS에서 지인들의 소식과 뉴스 등을 검색한다. 하루 종일 업무에 사람에 치일 때로 치였으니 퇴근하고 한두 시간 저리 쉬는 건 당연하지! 라고 이해를 하려고 노력을 해도 그 모습이 별로 예뻐 보이지 않는 건 어쩔 수가 없다.

"여보, 애들이랑 좀 놀아죠"

"응. 그래!"

흔쾌히 일어나서는 아이들과 보내는 시간은 10분. 그리고 나서 슬금슬금 다시 스마트폰 속으로 들어간다.

첫 아이를 낳고 쩔쩔매던 시절, SOS 신호를 보내도 퇴근하고 나서 리모콘만 손에 쥐고 채널을 올렸다 내렸다 하는 신랑이 영 맘에 들지 않았다. 이후 혼수로 마련한 그 비싼 홈시어터와 텔레비전은 신랑이 출근한 사이 고물상에 거저 버렸었다. 아이들에게는 아빠가 몸으로 놀아주는 것이 더없이 좋다고 하는데 소파에 누워서 입으로만 놀아주는 게 또 마음에 들지 않아 그 비싼 소파도 없앴다. 이러다가는 혼수로 산 모든 게 다 없어지겠다고 신랑은 비아냥거렸지만 고맙게도 그때마다 큰 불평 없이 또 그 상황에 익숙해졌다.

근데 요즘은 이놈의 스마트폰, 스마트폰이 눈엣가시이다.

성질 같아서는 보고 있는 스마트폰을 확 낚아채 베란다 밖으로 던져버리고 싶지만 없어서는 안 될 휴대폰을 그럴 수도 없고, 분신처럼 들고 다니는 저 폰을 신랑 몰래 2G폰으로 바꿔 놓을 수도 없으니 내 마음만 답답하다.

옆에서 아이가 종알종알 이야기해도 남편의 눈은 스마

트폰에 여전히 꽂혀 있다.

'신랑들아, 니 새끼 얼굴보다 그 스마트폰이 그렇게 좋니?
하루에 스마트폰 들여다보는 시간의 반만이라도 네 아
이들을 쳐다보렴. 아이가 너에게 얼마나 많은 것을 기대
하고 있는지.'

하지만 그렇게 속으로 중얼중얼거리던 나도 설거지를 끝
내자마자 스마트폰을 찾아 집는다. 아우 진짜! 전화는 통화
할 때만 집어 들어야지 다짐을 했건만 나 역시 요 작은 기
계 안에 보고 싶은 것들이 너무도 많다. 친구들과 전화로
수다를 떠는 대신 SNS에 오른 그녀들의 소식을 읽으며 서
로 안부를 전하고, 요즘 핫한 장소나 소식들도 공유가 되
니 정말 보고 있노라면 시간가는 줄 모른다. 어떨 때에는
요 작은 기계가 나와 바깥세상을 소통 시켜주는 창문 같다
는 생각이 들기도 한다.

육아가 힘들고 양육 스트레스가 심할수록 본인도 아이
도 스마트폰에 의지하게 된다는 기사를 본 적이 있다. 많
은 엄마들이 영아 스마트폰 사용 이유가 영아가 원해서라

고 하지만 잘 생각해보면, 엄마가 편하자고 아이와의 소통을 포기하고 스마트폰에 의지하는 건 아닐까.

식당에서 엄마 아빠가 식사를 하는 동안 멍하니 스마트폰을 쳐다보며 밥을 먹는 아이들, 유모차에 앉아서도 지나가는 여러 가지 풍경 대신 거치대에 올려져 있는 스마트폰만 바라보는 아이들을 볼 때마다 나도 모르게 자꾸 눈길이 간다. 스마트폰이 아이가 주변을 살피고 관찰할 기회를 빼앗고 가족이 같은 것을 보고 공유할 수 있는 기회 역시 빼앗아간 것 같아 그 상황이 아쉽기만 하다.

나도 두 아이를 키우면서 아닌 걸 알면서도 식당이나 공원에서 다른 가족이 스마트폰 육아로 편하게 있는 걸 보면 아이들에게 그나마 교육적이라는 어플을 깔고 '이건 나쁘지 않아. 오히려 아이에게 도움이 될 거야'라며 스스로 합리화시키다가도, '아니야. 그래도 이건 아니지' 하며 지우고 한 게 여러 번이다.

아이가 스마트폰에 몰입한다는 것은 놀이가 없어서 심심해요라는 신호라는데, 외부에서 아이가 칭얼댈 때 아이가 좋아하는 책이나 장난감 대신 스마트폰을 건네는 건 아이를 얌전히 만드는 데 효과가 있는 것은 확실한 거 같다.

나 역시 다른 사람과 대화하며 식사하고 싶어 한두 번 스마트폰에 아이를 맡긴 적이 있다. 하지만 그 후에 지속적으로 스마트폰을 찾는 아이들을 보고는 더 이상 아이를 달래는 용도로 스마트폰을 사용하지 않았다. 무엇보다 텔레비전에서 보던, 모두 스마트폰만 쳐다보는 어느 사춘기 소년의 거실 풍경이 우리 집 이야기가 될까 무척이나 두려웠다.

대신 아이가 상황을 지루해 하거나 힘들어 하면 나에게서 나오는 것은 색연필이었다. 그림 그리는 것을 즐기는 아이들에게는 그것이 스마트폰을 대체할 최선의 장난감이었다. 그런 우리를 보고 함께 자리한 다른 엄마가 말했다.

"애네들은 스마트폰 대신 그림을 그리네. 우리 어릴 때 같다. 아날로그적이야!"

아날로그적인 육아.

최첨단 디지털 시대로 접어들면서 우리의 생활은 예전과 비교할 수도 없을 만큼 발전했고, 우리의 육아도 갈수록 편리해지고 있다. 정보는 넘쳐나고 탐나는 것도 많다.

마술사의 가방처럼 젊은 엄마의 기저귀 가방에서 나오

는 이런저런 육아용품들을 보며 '요즘은 참 애들 키우기 편해졌어'라고 동네 할머니들이 신기하다는 듯 말씀하시고, 고작 신생아 키운 지 4~5년밖에 지나지 않은 나 역시 쏟아져 나오는 육아용품의 신세계를 따라가기가 힘들다. 오죽하면 베스트셀러 육아용품을 소개하는 책이 곧 베스트셀러로 이어지기도 할까.

내가 사는 세상이 디지털화되고 스마트해지면서 많은 것들을 얻고 누리고 있다고 생각했지만 이로 인해 잃어버린 것들도 많다. 놀이터에서 친구들과 뛰어노는 대신 집에서 텔레비전과 노는 아이들, 두런두런 식사시간에 이 부장 김 팀장 이야기하는 대신 혼자 스마트폰을 쥐고 보며 식사하는 남편들, 내 아이와 함께 읽는 동화책보다 다른 엄마의 SNS를 더 오랫동안 보고 있는 엄마들. 모두 아쉬운 지금 우리의 모습이다.

육아뿐 아니라 부부 사이에도 스마트한 생활(?)이 지나치게 깊숙이 스며들었다. 결혼 전만 해도 밤새 전화기를 붙들고 이야기를 하다 잠이 들곤 했는데, 이젠 친구와 톡 메세지로 하루에도 여러 번 이야기를 주고받고 SNS로 사는 이야기를 공유한다. 하지만 정작 내 상황이나 기분을 알고 이해해주어야 하는 남편에게는 오늘 내 기분이 어떠한지조차 이야기하지 않게 되었다. 연인일 때 나누었던 시시콜콜한 이야기들은 그가 남편이 되고 내가 아내가 되면서 "오늘 회식하고 갈게" "애들은 저녁 먹었어?" 등 보고에 가까운 사는 문제로 집중되게 되었다. 어느 순간은 한 공간에 가까이 있어도 아이들이 잠든 후에는 서로 스마트폰에서 즐거움과 휴식을 찾는 심리적으로는 가장 먼 사이가 되어가고 있다.

이러다 정말 남편은 남의 편이라는 웃기고도 씁쓸한 말장난이 현실이 되는 건 아닐까? 고작 몇 년 사이 스마트폰 때문에 아날로그적인 정서 교류가 이뤄지지 않고 있는 요즘이 너무 아쉽다.

집 앞 초등학교에 달팽이처럼 책가방을 맨 아이들이 조롱조롱 집으로 향하고 있었다. 창밖으로 그 모습을 보던 첫째가 내뱉는다.

"엄마도 학교 다녀본 적 있어?"

"그럼!"

"그때도 키가 지금처럼 컸어?"

나는 딱 그 아이들만 했을 적 내 모습을 어렵지 않게 떠올릴 수 있었다. 그땐 한 손 안에 모든 세상이 들어오는 화려한 세상도 아니었고, 지금처럼 곳곳에 대형마트가 있어 식재료가 다양한 시절도 아니었다. 하지만 그 시절에는 학교 갔다 돌아오면 궁디 팡팡 우리의 애교를 받아주던 부모님이 계셨고, 스마트폰보다 더 많은 이야기가 숨어 있던 놀이터가 있었다. 종이 인형을 가위질하며, 종이 딱지를 비닐봉투에 모으던 시절. 아날로그적인 옛것들은 생각만으로도 마음이 편안해진다.

"엄마, 그럼 엄마는 뭐 먹고 이렇게 크게 컸어?"
"음, 엄마는⋯⋯."

순간 잊고 있던 어릴 적 나만의 메뉴들이 머릿속을 스쳤다.

"엄마가 진짜 좋아했던 요리가 있는데 한번 먹어볼래?"
"이게 엄마가 어릴 때 좋아했던 음식이야?"
"응. 엄마가 기분이 안 좋거나 입맛이 없을 때마다 할머니가 해주시던 음식이야. 어때?"

"응! 부드럽고 맛있어!"

나는 눈빛으로 '거 봐! 맛있지?'라며 눈을 찡긋했다. 그리고 나 역시 크게 한입 밥을 떠 입에 넣었다. 화려하지도 않고 새롭지도 않은 재료들이 모여 부드럽고 고소하고 편안한 맛을 내고 있었다. 이 단조로운 맛이 놀랍도록 촌스러워 오히려 친근했다. 뜨끈한 달걀찜에 오른 고소한 버터처럼 종일 바쁘게 지내던 일상도 편안하게 녹아내리는 것 같았다.

나의 어린 시절 음식을 대접하니 그 시절 이야기들이 줄줄이 절로 나왔다. 지금은 너희 이모인 엄마의 동생들과 손을 잡고 아침부터 해가 질 때까지 놀이터에서 놀았다는 이야기, 밤이 되면 모든 엄마들이 창밖으로 아이들 이름을 부르면 그제야 집으로 돌아갔단 이야기, 엄마에게 백 원만 달라고 졸라 마트에 가서 혼자 과자를 사먹던 이야기 등등. 아이들은 "진짜? 정말?"을 반복해가며 나의 이야기들을 재미있는 동화책을 듣는 것처럼 흥미진진하게 들었다. 이제부터 놀라운 일이 일어났다. 나의 이야기를 충분히 들은 아이들은 자신들의 이야기를 하기 시작했다. 특히 평소에는 묻는 이야기에 짧게 답하던 7살이 된 큰아이는 그동안 엄마에게 하지 않았던 여러 가지 즐겁고 흥미로운 이야기와 마음에 있던 말들을 조근조근 잘도 꺼내놓았다. 모처럼 우린 긴 수다를 그렇게 즐겁게 나눴다.

순간 대화라는 것을 어떻게 해야 하는지 몰라 감정 소모를 했던 날들이 스쳤다. 그동안 나는 "오늘 점심은 뭐 먹었어?" "오늘은 유치원에서 이거 했니?" "놀이터에서 뭐 하고 놀았어?" 취조와 같던 이 말들이 대화라고 착각하고 있었다.

스마트폰을 통해 전화로, 메시지로, SNS로 우린 많은 소통을 하고 있지만 정작 가족 간의 소통은 어렵고 막막하다. 내 이야기를 상대방에게 들려주기 전에 왜 너는 나에게 이야기를 하지 않느냐고 기대만 했던 것 같다. 가끔은 내 이야기를 한 뒤에 거기에 대한 너의 생각은 어떤지 이야기하라고 몰아치기도 했었다.

스마트폰 속 서로가 공감하기 힘든 주제에 빠져 있는 동안, 우리는 기계와의 대화는 익숙하지만 사람과의 대화엔 점점 불편해져가고 있는 건 아닐까.

만약 이번 주말, 아빠는 스마트폰에 빠져 있고 아이들은

텔레비전을 틀어달라고 칭얼거리고 있다면 고소한 버터
와 담백한 달걀로 낯설지 않은 맛을 즐겨보는 건 어떨까?

　그 고소함이 온몸에 퍼져 우린 또 하나의 추억에 대해
이야기를 나누게 될지도 모르겠다. 아직 우리의 감성은 아
날로그적이니까.

한 번쯤은

편하게

외식하고 싶어

〈미안해하지 말아요 닭고기 쌀국수〉

요즘 인터넷에 썩 마음에 들지 않는 신조어가 있다.

'맘충.'

아이를 잉태하고 낳아 사람으로 만드는 성스러운 엄마에게 벌레라는 수식어가 붙다니! 괘씸하고 눈살이 찌푸려진다.

"우리 외삼촌이 제주도에 레스토랑을 내셨어. 너도 제주에 가면 꼭 가봐."

절친의 외삼촌이고 나와 비슷한 필드에서 일을 한다는 이유로 몇 번 인사를 나눈 적도 있던 터라 제주에 간다면 꼭 들러야지 생각했다. 메뉴도 아이들이 좋아라 하는 파스타와 피자였으니 안 갈 이유가 없었다. 가봐야겠다 마음먹고 위치를 검색했다. 생긴 지 얼마 되지 않았으나 소식 빠른 블로거들에 의해 그 레스토랑의 정보는 쉽게 얻을 수 있었다.

감각 있는 주인의 센스에 즐거워하며 아기자기 예쁜 레스토랑을 사진으로 구경하고 있는데. 대문에 붙여져 있는 〈NO KIDS ZONE- 11세 이상 출입 가능〉이라는 칠판 글씨가 눈에 들어왔다.

순간 멈칫 했다.

지금에야 찬반 논란 속에서 점점 익숙해져가는 노키즈 존이지만 그 당시 나에게는 충격이었다. 레스토랑 안에는 주인장이 키우는 커다란 대형견이 테이블 사이사이를 어슬렁거리고 있었다.

'개도 들어가는 곳을 아이는 못 들어간다고? 애들이 어때서? 언제는 이 나라의 새싹이라며? 자기들은 뭐 처음부터 어른이었나? 지금 아가씨, 총각이니 자기들은 애엄마,

애아빠가 안 될 것 같지? 어? 홍칫뿡!'

기분이 썩 좋지 않았다. 1800년대 중국 상하이 최초의 공원이자 영국 영사관 앞에 위치한 황푸공원에 개와 중국인 출입 금지라는 안내문이 붙어 그 당시 많은 중국인들에게 모욕감을 준 사건이 연결되는 건 나뿐인가(하긴 여긴 개는 들어가도 아이는 못 들어가다니 더 굴욕적이구나!).

그리고 몇 달 뒤 또 다른 지인이 레스토랑을 오픈했다는 반가운 소식을 듣고 큰아이와 함께 방문했다.

"근데 우리는 아기 커트러리랑 의자가 따로 없는데 괜찮겠어?"

5살 난 아이와 함께 들어선 나를 보고는 미안한 듯 물었다. 노키즈존이라고 내걸진 않았지만 그렇다고 아이와 함께하는 고객을 환영할 마음 역시 없다는 듯 보였다.

"너는 뭐 좋아하니? 미트볼 파스타랑 콤비네이션 피자?"
라고 묻는 셰프에게,

"아니요. 저는 봉골레 파스타랑 고르곤졸라 피자가 좋아요"라고 주문하는 큰아들을 보고는 엄지손가락을 치켜세우던 지인은 꽤 얌전히 앉아 식사를 하는 아이 앞에 다가와 앉더니 머리를 쓰다듬으며 이야기를 꺼냈다.

"다들 너같이 예쁘게 먹고 가면 왜 내가 니들을 마다하겠니……."

그리고 나오는 이야기는 '정말 그런 엄마들이 있다고?'라고 연신 되물을 정도로 충격적이었다. 자기 아이는 지금 배변 훈련 중이라며 기저귀를 채우지 않고 식사를 하다가 천 소파와 바닥에 실례를 하고 가는가 하면, 아이가 포크로 테이블을 내리치며 드럼을 쳐 주변 사람들의 식사를 방해해도 아랑곳하지 않고 오히려 박수를 치며 장단을 맞추기도 하고, 울고 떼써도 데리고 나가 달랠 생각도 않는 부모 탓에 한동안 골치가 아팠다고 했다. 또한 아이들이 먹고 난 자리는 전쟁이라도 일어난 것 같아 다음 테이블을 받기까지 치우는 시간도 2배는 더 걸리고, 아이들이 뛰어다니다가 서버들이 나르는 와인 물잔들이 깨지는 사고도 비일비재했다며 고개를 내저었다. 결국 골목길 작은 상권이라 거부감을 일으킬까 봐 과감하게 노키즈존이라고 써 붙이진 못했지만 아이들을 위해 준비해두었던 베이비체어나 플라스틱 커트러리와 그릇들을 싹 없앴다고 했다. 아이들을 위한 배려가 없으니 자연스럽게 아이들과 함께 오는 고객들도 줄었고, 당시에는 매출에 영향을 받는 듯 보였지만 오히려 조용히 음식을 즐길 수 있어 단골고객들이 늘어나 지금은 그때의 선택을 꽤 잘했다고 생각한다는 것이다. 절로 이해가는 이야기였다. 노키즈존에 대한 생각이 바뀌던 순간이었다.

그 뒤로 나는 식당에서 아이들과 엄마의 행동을 좀 더 유심히 관찰하게 되었다. 억울한 마음에 실제로 그런 엄마들이 있는지 내가 확인하고 싶은 오기도 있었다.

결국 난 당당하게 식당 내에서 기저귀를 간 뒤 돌돌 말아 식당에 두고 나가는 엄마도 보았고, 아이가 손에 쥐고 나가는 포크를 돌려달라고 말하는 종업원에서 이깟 게 얼만데 네가 내 애를 울리냐며 삿대질하는 아빠도 보았다. 아이들이 잡기놀이를 한다며 식당 테이블 사이를 헤집고 다녀도 수다에 빠져 신경을 못 쓰는 엄마들도 보았고, 음식으로 바닥을

엉망으로 만들고도 모자라 울고 보채는 아이에게 더 크게 고래고래 야단을 치는 아빠도 보았다. 내가 마치 대역죄인이 된 것 같은 순간들이었다. 맘충이라는 말에 격분하던 나는 이제는 그런 말이 생긴 이유를 이해하게 되니 씁쓸했다.

'난 엄마가 된 뒤로 늘 죄인으로 사는 것 같아. 시댁 갔는데 시어머니가 니들 땜에 정신이 없다고 하면 미안하고, 친정엄마가 아이들 보느라 삭신이 쑤신다고 하면 또 미안해. 어린이집에서 아이가 낮잠을 안 잤다고 하면 선생님에게 미안하고, 이웃에 사는 할머니에게 아이가 인사를 안 하면 그것도 미안해. 엘리베이터에서 아랫층 사람이라도 만나면 층간 소음 유발자로서 고개도 못 들겠어. 난 왜 만날 미안해야 할 일 투성이니.'

그렇게 늘 미안해하며 살아야 하는 엄마들이 잠시나마 마음 편하게 밥이라는 걸 먹고 싶어서 그랬을까? 그 시간만큼은 아이들에게서 잠시 벗어나고 싶어서 그랬을까? 생각해보니 나도 식당에 갈 때마다 아이들 때문에 신경이 곤두서고 주인의 눈치를 보던 때가 있었다.

갓난쟁이었을 땐 아이가 갑자기 울기 시작하면 너무 미안했고, 6개월쯤 지나고 나선 테이블에 있는 것을 자꾸 바닥으로 떨어뜨리며 재밌어 하면 그 모습도 눈치가 보였다. 잘 먹다가 몇 번 기침을 하더니 왈칵 토하고 말았을 때 너무 당황했었고, 테이블 위에 물이라도 엎지르면 내가 더 난처했다.

밖에 나가 밥을 먹으면 오히려 뭘 먹었는지도 모르게 혼이 빠져서 차라리 거실에 아이를 눕혀두고 집에서 해먹고 말지 생각하며 부엌에 섰던 적도 많았다.

면 요리를 좋아라 하는 터라 기분 전환이 필요할 때마다 세계 각국의 면 요리들을 돌아가며 해먹었다. 각종 파스타며, 팟타이에 쌀국수, 커리우동까지. 그 이야기를 꺼내니 내 동생은 '좋겠다! 그렇게 먹고 싶은 거 집에서 해먹을 수 있어서…'라며 부러움을 내뱉는다.

사실 인기 있는 외식 메뉴 중 집에서 못 할 건 거의 없다. 오히려 생각보다 간단해서 놀라운 것들도 있다. 특히 대부분의 엄마들이 좋아라 하는 외식 요리들은 재료만 있으면 한식보다 간단한 요리들이 훨씬 많다.

한번은 좋아하는 쌀국수를 먹으러 갔다가 아이가 국수에 손을 집어넣는 통에 깜짝 놀란 적이 있다.

"아이들 때문에 난 뜨거운 음식은 못 먹겠어."

무엇이든 자기 쪽으로 끌어당기는 아이 때문에 외식할 때 절대로 뜨거운 음식은 주문을 안 한다는 이야기가 남 이야기 같지 않던 순간이었다.

그래서 집에서 안전하고 편안하게 외식하는 느낌을 주는 메뉴를 만들어보기로 했다. 바로 닭고기 쌀국수 되시겠다! 닭 여러 마리를 뼈만 발라 몇 시간째 푹푹 고아 뭉근하게 육수를 우려내면 속까지 시원한 국물이 나오겠지만 나는 바쁜 엄마이므로 좀 더 간편한 방법을 찾기로 했다. 시판 닭 육수도 있지만 그건 깊은 맛이 부족해 아쉽고, 결국 닭다리 두어 개를 통째로 삶아 깔끔하게 닭 육수를 우려냈다. 닭다리는 살과 뼈가 적당히 있어 간단한 닭 육수를 만드는데 안성맞춤이다. 쌀국수에는 정향, 고수, 계피, 큐민, 팔각 같은 갖가지 향신료로 강하지만 매력적인 향을 내는 것이 생명이지만, 요즘에는 한 번에 넣기 편하게 쌀국수용 향신료 팩을 온라인상에서 어렵지 않게 구할 수 있다. 특히 계피, 팔각, 정향 등은 항염 효과로 감기 예방에도 효과가 있으니 이 참에 구입해 사용해보는 것도 좋겠다. 그러나 아쉬운 대로 대파, 마늘, 생강과 통후추만을 넣고 부드럽게 끓여도 나쁘지 않다.

보글보글 이국적인 향이 온 집에 가득하면 벌써 침샘이 고인다. 야들야들하게 불려놓았던 하얀 쌀국수를 쫄깃하게 재빨리 데쳐 그릇에 담는다. 아삭한 숙주와 칼칼한 고추, 시원한 양파채를 듬뿍 올린 뒤 미리 발라 둔 닭고기를 더한다. 김이 뜨끈하게 오른 육수를 넉넉히 부어 내면 이것이 바로 돈 받고 팔아도 될 쌀국수 되시겠다!

식당에서는 내 것 하나만 시키고는 아이에게 덜어줄 접시 하나 컵 하나 수저도 역시 더 달라는 것이 눈치 보였는데… 집에서 먹으니 사먹는 것보다 공은 들어갔지만 먹는 내내 오히려 마음은 편하다. 아이 것 내 것 넉넉히 담아 후루루 마주앉아 먹으니 그 맛은 더 일품이다.

낮은 칼로리와 담백한 맛으로 지금은 웰빙 음식의 대명사로 알려진 음식이지만 사실 쌀국수는 하노이를 점령한 프랑스군이 구운 양파와 쇠고기, 갖은 야채를 넣고 끓여 먹었던 포토퓨(pot au feu : 불처럼 뜨거운 그릇)라 부른 것에서 PHO 어원이 시작되었다는 설이 유력하다. 전쟁이 베트남

에 남긴 흔적인 셈이다. 전쟁과 같은 육아로 인해 엄마에게도 경험해야 할 여러 가지 일들이 있었고, 있고, 있을 것이다. 그런 힘든 순간을 겪었기에 우리는 예민해지기도 하고, 아이 외에 다른 것에 신경 쓸 여유가 없기도 했다. 한편으로는 나는 아이를 키우느라 힘든 엄마이니 한번 도와주시죠라는 해피맘 서비스를 그들에게 바랐는지도 모른다. 단지 그 과정에서 우리는 서로를 생각하는 배려라는 마음이 부족했던 것 같다.

온전히 대부분의 시간을 아이와 함께해야 하는 엄마들에게 노키즈존은 섭섭하고 아쉬운 공간이 아닐 수 없다. 하지만 우리 엄마들이 놓치고 지키지 못한 매너가 있었기에 자초해 만든 차별은 아닐까 조심스럽게 생각해본다.

엄마는 아이의 롤모델이다. 내가 하는 모든 행동을 아이가 보고 느끼고 배운다고 기억하며, 그냥 엄마이기 전에 아름다운 사람이 되려는 노력이 모두에게 필요한 때인 거 같다.

내일은 오랜만에 친구들과의 회동이 있는 날이다. 돌쟁이부터 7살까지 하나에서 둘씩 아이들과 함께일 무리를 생각하니 벌써부터 소란스럽다.

우르르 유모차를 끌고 들어갈 만한 식당을 찾기 어려워

매번 패밀리 레스토랑만 순회하곤 했던 우리. 오늘 넉넉히 닭 육수를 만들었으니 이번 모임은 간만에 우리 집에 초대해 아이들도 편하고 우리도 느긋한 시간을 마련해야겠다. 내일은 만나서 아이의 사교육에 대해 논하기 전에 우리의 밥상머리 교육은 안녕한지 되돌아보는 시간도 가져야겠다.

친정엄마,

늘 미안하고

고마워

〈엄지척 스피드 잡채〉

요리가 직업인 딸을 두고도 정작 친정엄마는 늘 반찬과 국을 딸네 들여주신다. 애 키우랴 일하랴 행여 사위 끼니라도 거르게 할까 잔소리하시고 염려하시는 분, 바로 우리의 친정어머니들이 아닐까. 당신의 냉장고 안에는 당신이 드실 요깃거리보다 오고가는 손주들 간식거리가 더 많다.

'누구누구네 엄마를 오랜만에 봤는데 세상에 웬일이니, 손주들 보느라 머리가 하얗게 쉬었어. 하루이틀도 아니고 그걸 어찌하니?'

그리 혀를 차시더니 수년 뒤 당신이 그 모습이 되실 줄을 상상도 못 하셨던 모양이다.

결혼 후 처음 신접살림은 시댁 가까이 마련하였다. 얼마 되지 않아 아이가 생겼고 막달까지 강의를 다니며 일을 그만둘 생각이 전혀 없어 보이는 나에게 시어머니는 넌지시 말씀하셨다.

"난… 애는 못 본다."

아이도 키워야겠고 일도 해야 했다. 결국 친정과 차로 15분 거리인 동네로 이사를 가게 되었다. 친정엄마에게 '저는 일을 해야 하니 손주 좀 봐주세요'라고 말하지 못했다. 그냥 친정 가까이 이사를 준비하는 걸 보고는 무언의 양육 위탁 계약은 성사되었던 것 같다.

시부모님은 어쩔 수 없는 건 알지만 그래도 떠나는 우리네를 무척 서운해 하셨다. 그나마 다행인 것은 나는 하루에 4~5시간 정도 일을 하고 게다가 일주일에 며칠 정도 원하는 만큼 일의 양을 늘리거나 줄일 수 있는 프리랜서였다.

아침 강의가 있는 요일마다 잠에 취해 눈도 못 뜬 아이를 담요로 돌돌 말아 차에 태워 친정엄마에게 맡기고, 행여 아이가 보채고 나를 붙잡을까 봐 도망치듯 뒤돌아 나왔다. 그때는 아이가 어린이집도 다니지 않을 때라 내가 없는 시간 아이의 육아는 온전히 친정엄마 몫이었다.

첫째는 유독 사람 손을 타던 아이었다. 태어나 제일 처음 했던 말이 엄마 아빠도 아닌 "안아"였을 정도다. 친정엄마는 종일 8~9킬로그램이나 나가는 아이를 안고 계셔야 했다. 그렇게 엄마의 머리가 하얗게 변해갔다.

"지현아, 행여 넌 둘째 낳을 생각은 하지도 말아라. 요즘은 여자도 일을 해야 해 일을. 엄마는 애 둘은 도저히 못 보겠다……."

우리를 키우면서 살림만 하시던 친정엄마는 딸들도 남편과 아이만 바라보며 살까 봐 염려하셨다. 엄마의 삶과는 다르게 일도 하고 커리어도 쌓으며 세상 돌아가는 것을 보고 느끼며 살기를 원하셨다.

그러나 수개 월 뒤 둘째 임신 사실을 알게 되었다. 그때 나는 대기업 식품회사의 괜찮은 자리로 이직이 진행 중인 시점이었다. 수차례의 면접을 끝냈고 회의도 참석했다. 출근일 조정만 남겨둔 상태였다. 그런 나에게 둘째 임신은 일어나선 안 되는 일이었다.

"엄마… 나 둘째 생겼어."

수주 동안 말도 못 하다가 설거지하는 엄마 옆에서 조용히 말씀드렸다. 우리 지현이 좋은 회사로 곧 이직한다며 그 회사 광고만 나와도 좋아하시던 엄마였다. 그때 나는 엄마에게 "성적표 나왔어"라고 말하던 중학교 때로 돌아간 것 같았다.

"뭐?"

엄마는 당신의 귀를 의심하셨다.

"임신했다고……."

순간 엄마의 손바닥이 내 등짝으로 날아왔다. 엄마의 눈빛이 흔들렸다. 그건 엄마의 진심이었다. 결국 화려했던 정직원으로의 복귀는 수포로 돌아갔고, 그렇게 둘째의 출산을 모두가 받아들이게 되었다.

나는 결국 엄마와 같은 아파트 단지로 다시 이사를 진행했고 지금도 일을 나갈 때마다 두 아이를 친정에 밀어 넣고는 뒤돌아 나온다. 그러면 엄마는 두 아이를 씻기고 먹이고 입힌 뒤, 안고 엎고 걸리며, 그렇게 고사리 같은 손을 잡고는 등원을 시키신다.

후하게 용돈도 제대로 못 드리고 가끔 특별한 날 성의를 표하면, 그나마도 너네 살기도 벅찬데 뭘 이런 걸 챙기냐며 되레 미안해하신다. 며칠 뒤에는 그 용돈으로 손주들 옷이나 신발을 사서 돌려주시기도 하신다. 결국 나는 그렇게 받기만 한다. 타고난 성격이 나긋하지 못하니 고맙다고 달달한 말도 제대로 못해드리고, 오히려 엄마는 구식이라고 티격태격하기도 한다. 정말 못났다.

"너도 자식 낳아 키워봐. 해줘도 해줘도 부족해."

매일매일 피곤하시다면서 또 나에게 안길 밑반찬을 만드시는 엄마에게 일 좀 만들지 말라고 타박하니 이리 말씀하신다. 그 정도 반찬은 나도 할 수 있다고 큰소리치니 넌 엄마 손맛 따라오려면 한참은 멀었다며 뒤도 안 돌아보신다. 아마도 아직 딸이 엄마 음식이 필요한 존재인 것이 큰 위로가 되시는 모양이다.

엄마 손맛 따라가려면 한참 먼 딸이지만 가끔은 엄마에게 난 이런저런 요리를 해드린다. 직설화법으로 상대방이 잘 알아들을 수 있도록 최대한 배려해서 늘 솔직하게 말씀하시는 엄마에게 늘 칭찬 듣는 메뉴가 있었으니 그건 바로 잡채.

한평생 맏며느리로서 때마다 해오시던 음식이 잡채인데 어느 날 새로운 방법으로 만든 이 잡채를 드시고는 잡채는 네가 한 것이 최고라며 손을 들어주신 게 이제 십 년째이다. 음식 좀 한다는 친정 쪽 며느리들에게 소문이 나서 이제 이 집안 웬만한 잡채는 이 레시피로 만드니 맛은 보장한다.

유독 면을 좋아하는 내가 더더 좋아하는 음식, 휘리릭 만들어 먹을 수 있는 타 면요리들과는 달리 하나하나 손이 가니 맛도 좋지만 정성이 쌓여야 하는 음식이다. 특별한 날만 상에 오르는 이 음식은 상상만으로도 설렌다.

재료들을 다 채 썰어 넣어 잡채인가? 생각하고 있는가? no no! 잡채의 '잡'은 '섞다, 모으다, 많다'라는 뜻으로 여러 채소를 섞은 음식이란 뜻이다.

조선시대 광해군 시절에 이충이라는 사람이 궁에서 잔치가 열린 날 왕에게 여러 가지 야채를 볶아 무친 이 음식을 뇌물로 바쳤는데, 요 맛이 왕의 마음을 흡족하게 하여 이충을 호조판서까지 올려놓았다는 이야기가 전해 내려오니 예나 지금이나 정성만큼 맛있는 대표 음식이 아닐 수가 없다.

잡채에 당면이 처음부터 들어갔던 것은 아니다. 당면은 1900년대 초 처음 잡채의 재료가 되기 시작했는데 이제는 잡채에 빠지면 섭섭한 메인 식재료가 되었다.

아삭하면서도 풋내가 나지 않을 정도로 달달 볶아 놓은 여러 가지 야채에 짭조름히 졸인 탱글탱글한 당면을 쏟아부으니 뜨거운 김이 올라와 먼저 침샘을 자극한다.

엄마는 실리콘 집게로 얼레설레 잡채를 뒤섞는 나를 어깨로 밀어내시고는 음식은 역시 손맛이라며 양팔을 걷어붙이시고 엄마의 손으로 휘휘 한참을 뒤섞어 완성하신다. 고개를 뒤로 젖혀 아~ 하며 엄마의 음식을 맛보던 소녀가 이제는 두 아이의 엄마가 되어 고개를 뒤로 젖힌 엄마께

직접 만든 잡채 한입을 입에 쏙 넣어드린다.

"맛있네. 잘했다. 네가 나보다 낫네."

엄마와 나.
세상에서 가장 가까운 친구이자 든든한 버팀목이자, 서
로 상처를 주기도 하고 치유받기도 하는 둘도 없는 사이.
내가 두 아이의 엄마가 되었어도 엄마는 여전히 당신이 엄
마이길 바라신다. 내가 늘 필요하고 의지하는 존재 말이다.

"에이~ 난 엄마 따라가려면 한참 멀었지~."

눈을 찡긋거리며 이야기하니 엄마 얼굴이 더 환해지신다.

"그래? 그런 거 같긴 해~."

삼대가 모여 앉아 후루룩 참기름 내가 가득한 이 음식을
고소하게도 나눈다. 오랜만에 만든 사람과 먹는 사람이 바
뀌었다. 엄마의 음식은 늘 진심이 느껴진다. 오늘 내 음식에

도 진심을 담아본다. 아무리 좋은 음식도 좋은 사람과 나누지 못하면, 진심을 담지 않으면 의미가 없으니까.

내가

좋은 엄마가

될 수 있을까?

〈쿰내 진동 콥 샐러드〉

"학부모님들은 모두 교실에서 나가주세요."

"엄마, 이제 나가래."

아이가 잡았던 내 손을 먼저 놓았다.

"그래, 엄마 밖에서 기다릴게. 파이팅!"

오늘은 첫째가 7급 한자 급수 시험을 보는 날이다.

작년부터 조금씩 익히던 한자였다. 그전까지는 큰 관심 없이 시키니까 하는 정도였는데, 올 초 8급 시험에서 만점을 받더니 그 후로는 한자에 제법 자신감도 갖고 관심도 커졌다. 알아두면 좋을 것 같아서 엄마 욕심에 시작한 공부인데 잘 따라와주니 대견했다.

40분간의 시험이 끝이 나고 하나 둘씩 아이들이 교실 밖으로 나왔다. 8급 시험을 보고 나서는 만점 받은 거 같다고 자신 있게 이야기하더니 오늘은 아이의 표정이 그렇게 밝지만은 않다. 수고했다고 엉덩이를 토닥여주니 "아… 엄마 나 이거 다시 봐야 할 것 같은데? 모르는 게 있던데?"라며 머리를 긁적거린다. 순간 '그걸 왜 몰라 다 배운 건데!' 할 뻔했지만 난 어느 육아서에 나오는 누군가처럼 결과보다는 과정을 중요시하는 쿨내 나는 엄마가 되기로 했다.

"괜찮아, 열심히 했으면 됐지 모."

마음에도 없는 말을 내뱉었다.

그간 열심히 한 대가로 시험이 끝나면 가지고 싶은 장난감을 하나 선물해주기로 했기에 곧장 대형마트로 향했다. 하지만 지난번에 비해 아이 표정이 밝지가 않다. 다른 때 같으면 장난감 코너에서 이리저리 돌아보며 설레야 할 텐데 오늘은 왠지 장난감 앞에서도 쭈뼛쭈뼛이다. 왜 그러냐고 물으니 아이가 어렵게 입을 뗀다.

"엄마, 나 그냥 장난감 안 살래. 나 7급 못 딸 것 같은데 이거 엄마한테 사달라고 하면 안 될 것 같아."

아이의 표정이 바윗돌처럼 무겁게 굳어졌다.

며칠 전부터 아이에게 '이번 토요일 한자 시험이네. 지난번처럼 잘할 수 있지?'라며 기대했던 내 모습이 스쳤다. 자신 있는 모습으로 고개를 끄덕였지만 내심 얼마나 부담스러웠을까?

시어머니께서는 평생 초등학교 선생님을 하시다 얼마 전 정년퇴임을 하셨다. 예전에는 산만한 아이가 반에서 한두 명이었는데 2000년대 들어서면서부터 눈에 띄게 주의 산만한 아이들이 늘었다고 걱정하셨다. 초등학교 2~3학년이 되어서도 학교생활의 기본 규칙을 지키지 못한다거나, 수업을 듣기 위해 제자리에 앉아 있어야 하는 자제력도 갖추지 못한 아이들이 늘었다는 것이다. 갈수록 아이들의 행동 장애가 늘어나는 이유로 아이들의 지나친 스트레스를 꼽으셨다. 부모의 지나친 기대로 심리적 갈등을 겪은 아이들이 이런 이상행동을 보이는 것 같다고 짐작하셨다.

동시에 요즘 육아의 가장 큰 문제점이 바로 부모들의 지나침 욕심이라고 지적하셨다. 아이들에게 거는 기대감이 점점 커지다보니 모든 일에 간섭을 하게 되고, 다른 아이들과 비교하고 경쟁하게 되고 어릴 때 읽는 책이며 가지고 노는 장난감까지도 몬테소리니 프뢰벨이니 하는 것들로 후에 공부에 도움이 되는 것들로 골라 갖다준다는 것이다. 공부를 못하면 힘들어지는 사회니까 현실적으로 어쩔 수 없는 점이기도 하지만, 이러한 과도한 관심과 부담 이전에 아이와 엄마 사이의 애착관계를 높여 신뢰를 쌓는 것이 더 중요한 일이 아닐까 다시 한 번 생각해보게 되는 말씀이셨다.

처음 정환일 낳았을 때 입만 오물거리던 이 어린아이와 단둘이 집에 남겨진 첫날, 그 느낌을 지금도 생생이 기억한다. 육체적으로 피곤한 것은 큰 문제가 되지 않았다. 정말 견디기 힘들었던 것은 '내가 좋은 엄마가 될 수 있을까?'라는 부담감과 책임감이었다. 책임감과 부담감은 때로는 용기를 주지만 '행여나 나로 인해 아이가 잘못되면 어쩌지?'라는 불안감까지 동반한다는 게 문제다.

누구나 책임감을 느끼면 능력 이상의 힘을 발휘하고, 만족스러운 성과를 얻기 위해 부단한 노력을 하게 되지만 그 일에 대한 결과에 민감해질 수밖에 없다. 그 책임감과 부담감의 무게에 한동안 힘들어 이 모든 상황에서 도망치고 싶었던 적이 한두 번이 아니었다. 어른들도 견디기 힘든 그 무게를 내 아이가 벌써 견뎌내는 것 같아서 대견하기도 하고 마음이 뭉클해지기도 했다.

내가 택한 아내로서의 길, 엄마로서의 길 그리고 요리 강사로서의 길은 매 순간이 긴장이고 부담이다. 어느 것 하나 익숙해지는 것이 없다. 어느 순간 내 것이 된 그 자리에 최대한 자연스러워지려고 노력할 뿐이다. 그렇게 좌충우돌, 때로는 시간에 모든 걸 맡기며 그저 허우적거릴 때, 누군가 옆에서 "괜찮아. 열심히 하고 있잖아. 괜찮아"라고 말을 해주면 그 말 한마디가 얼마나 힘이 되는지 모른다.

갖고 싶던 장난감 앞에서 망설이던 아들에게 허리를 낮춰 귓속말로 이야기했다.

"괜찮아 정환아. 너 열심히 했잖아! 이 선물 너 받을 자격 있어."

그러자 금세 얼굴이 환해진 정환이가 냉큼 장난감 하나를 집어 들었다. 꼭 결과가 좋아야 한다는 부담감을 내려놓으니 바라보는 엄마도, 버텨내고 있던 정환이도 모두 마음이 편안해졌다.

콥 샐러드cobb salad는 여러 가지 재료들을 한데 섞어 만든 미국식 샐러드이다. 1930년대 미국 LA 할리우드에 있던 레스토랑 체인인 브라운 더비Brownn Derby 창업주이자 이 샐러드를 처음 만든 로버트 하워드 콥이라는 사람의 이름을 딴 식사용 샐러드이다.

어느 늦은 밤 브라운 더비 레스토랑에 할리우드 유명 극장주인 시드 그로먼Sid Granman씨가 찾아왔다. 출출한 그를 위해 로버트 씨는 냉장고를 뒤져 있는 재료들을 잘게 썰어 샐러드를 만들어냈고, 이 샐러드가 맘에 들었던 그로먼 씨의 입소문을 타고 헐리우드 유명 배우들 사이에서 유명해지기 시작했다는 전설이 전해진다. 이것저것 내가 가지고 있는 것들로 편안하게 만들어낸 요리, 오늘은 나도 그런 것이 하고 싶었다.

있으면 있는 대로 없으면 없는 대로, 재료들도 먹을 때 최대한 편

안하게 한입 크기로 모두 썰고 드레싱도 무겁지 않고 가벼운 오일 드레싱으로 준비했다.

준비된 샐러드를 앞에 두고 아들 녀석은 자신이 가장 좋아하는 베이컨과 아보카도를 먼저 골라 먹기 시작했다. 평소 같았으면 "야채도 푹푹 같이 먹어야지"라며 한마디했겠지만 오늘은 그냥 내버려두고 싶었다. 하고 싶은 대로 먹고 싶은 대로 할 수 있도록.

샐러드로 허기를 달랜 녀석의 접시에는 양상추와 달걀만 덩그러니 남았다. 이쯤이면 엄마가 잔소리할 때가 됐는데 생각이 들었는지 아들이 나를 물끄러미 바라봤다.

"먹기 싫으면 그만 먹어."

말이 끝나기가 무섭게 아들은 냅다 달아난다.

우리가 하는 일들도 책임감이 버겁다고 도망가고 싶을 때 피할 수 있으면 얼마나 좋을까? 하지만 도망을 가버리면 그 역시 마음에 남아 내내 우리를 괴롭힐 테니 선뜻 그러기도 쉽지 않다. 최대한 자연스럽게 받아들이는 것밖엔 수가 없다. 모든 잘못의 원인을 내 탓으로 돌리지 말고 모든 일은 나를 통해 이루어져야 한다는 과도한 책임감도 조금은 내려놓을 수밖에 없다.

책임감이 지나치면 죄책감을 낳는다. 그런 죄책감에 휩싸이면 모든 게 내 탓 같고 주변의 격려나 칭찬에도 큰 기쁨이나 위로를 받지 못한다.

인생에는 반짝이는 순간들이 누구에게나 있다. 성패에 상관없이 마음을 비우고 과정의 즐거움을 무거운 의무만으로 채우는 완벽한 내가 아닌 행복한 내가 되기를 조용히 바래본다.

엄마도

여행으로

설레고 싶어

〈두근두근 뚬양쿵〉

"전공이 미술이라면서요. 왜 갑자기 요리를 하게 된 거예요?"

드물지 않게 난 이런 질문을 받는다. 그에 대한 대답은 간단하다.

"다른 나라에서 굶어 죽지 않고 잘 살려고요. 그래서 요리를 하게 되었어요."

어릴 때부터 엄마는 내가 학교 선생님이 되었으면 하셨

다. 내가 생각하기에도 꽤 괜찮은 직업인 것 같아 그 뜻에 나도 동의를 했었고.

그러나 여행을 즐기셨고 나에게도 그런 기회를 참 많이 만들어주신 부모님 덕에 나는 이 나라 저 나라에서 살아보고픈 꿈을 갖게 되었고, 고3 대학을 결정할 시기에 미술교육과 지원을 희망하셨던 부모님의 뜻을 뒤로하고 회화과로 진학하게 되었다(왠지 선생님이라는 공무원이 돼버리면 영영 이 나라를 못 떠날 것만 같았다).

대학교 2학년이 지나가고 3학년쯤 되자 슬슬 내 역마살이 꿈틀거리기 시작했다. 결국 3학년 말 나는 단지 이민 가산점이 붙는 부족 직업군 중 그나마 내가 해볼 만한 영역 같단 생각으로 셰프CHEF라는 직업을 선택했다.

칼질이라고는 집에서 엄마를 도와 제사음식들을 해본 것이 전부인 나는 일 년 동안 이런저런 준비로 바쁜 시기를 보냈고, 그렇게 꿈의 땅 캐나다에서 영영 눌러앉나 했는데… 지금의 신랑을 그곳에서 만난 것이다. 결국 공부를 마친 나는 다시 한국으로 돌아왔고, 직업을 갖게 되었고, 결혼을 하게 되었고, 아이도 낳게 되었고 아직까지 완벽하게 꿈을 이루지 못한 채, 그렇게 서울살이를 하고 있다.

아이가 태어나니 여행은커녕 동네도 못 떠나는 신세가 되고 말았다. 날씨가 좋은 날이나 문자로 여행상품 광고라도 보는 날에는 종일 심란한 마음에 온라인 여행 상품만 이것저것 들춰보곤 했다.

얼마나 여행을 가고 싶었는지 주변에서 누가 여행이라도 간다 싶으면 '공항은 내가 데려다줄게 내가!'라며 발 벗고 나서서 아기띠를 매고 공항으로 따라 나가기도 했다. 그렇게 그리웠던 공항 냄새를 흠뻑 맡으며 그곳에서 밥 먹고 차 마시며 여행이 주는 설렘을 대리 만족하며 돌아오곤 했다. 대합실에 가만히 앉아 캐리어를 가지고 오가는 사람들을 보며 이미 여행을 다녀온 자와 같은 공허함과 아쉬움을 느끼기도 했다.

여행 가고 싶다고 노래를 하는 나에게 신랑은 근교라도 다녀오자고 제안하곤 했지만 주말이면 꽉 막힌 고속도로에서 신랑은 몇 시간 동안 운전을 하고, 나는 젖먹이며 우는 아이를 차 안에서 어르고 달래는 일은 오히려 여행 후 노곤함으로 악영향만 줄 뿐이었다. 블로그나 SNS를 통해 다른 이들의 여행 소식이나 외국살이에 대한 이야기를 읽는 것은 차라리 좀 나았다. 그 장소에 나만의 이야기를 입히고 상상하며 그렇게 수개월간 설레어 했다.

내가 즐겨 가는 한 블로그가 있다. 우리나라에서는 볼 수 없는 다양한 식재료로 만든 요리들이 유명세를 탄 블로그지만, 나에게는 내 아이 또래의 아이들이 자라고 엄마가 생활하는 이국적인 분위기가 너무나 보기 좋아 계속 찾게 되는 블로그이다.

그렇게 아이를 낳고 12개월쯤 지났을 때 난 내 설렘 권리를 다시 찾기로 결심했다. 이 정도 키웠으니 너도 나를 따라 나서라!라고 외치며 짐을 싸기 시작했으나 막상 아이와 함께하는 여행은 짐을 싸는 것부터 만만치 않았다.

여행을 일상처럼 즐겨라!

내 여행의 철칙인데 이건 짐만 쌌을 뿐인데도 지쳤다. 혼자 떠날 때보다 3배는 많아진 짐 가방을 들고 그렇게 나는

또 낯선 땅을 찾았다. 아이와 떠난 첫 번째 여행은 긴장의 연속이었다. 비행기에서 울면 어쩌나 내리지도 못하는데, 낯선 곳에서는 잘 먹고 잘 잘 수 있을까? 행여 배탈이 나거나 열이 나면 갈 만한 병원은 있을까 등등. 마음이 노심초사이니 몸은 이 먼 곳으로 떠나 왔는데도 여전히 육아에 묶여 아무것도 느낄 수가 없었다.

집으로 돌아와 만신창이가 된 짐들과 나를 추스르고 나자 그제야 끝나버린 여행이 너무나도 아쉬웠다.

태국까지 갔는데 똠양쿵도 못 먹었어 똠양쿵도!

후회만 잔뜩 남았다.

똠양쿵은 프랑스의 부야베스, 중국의 삭스핀과 함께 세계 3대 수프로 꼽히는 태국 대표 음식으로 이름만큼이나 매콤, 달콤, 시큼한 다양한 향신료가 첨가되어 독특한 향미로 무척이나 이국적인 음식이다. 외국인이 가장 좋아하는 태국 음식 1위에 꼽히기도 한 똠양쿵의 뜻은 'TOM'은 '끓이다', 'YUM'은 '새콤한', 'GOONG'은 '새우'라는 뜻으로 끓인 새우 수프 정도가 되겠다.

거기서 못 먹은 똠양쿵 집에서라도 원 없이 먹어야겠다

싶어 새우로 육수부터 내기 시작했다. 냄비에 고추기름을 충분히 두르고 마늘과 생강 그리고 된장찌개에 된장이 꼭 들어가는 것처럼 똠양꿍을 만드는 데 빠질 수 없는 똠양꿍 페이스트를 한 큰술 듬뿍 떠서 달달 타지 않도록 볶았다.

세상에, 눈만 감으면 여기가 그곳이네. 레몬그라스와 라임 그리고 코코넛 향까지, 이것이 바로 한번 빠지면 헤어 나올 수 없는 똠양꿍 되시겠다!

처음에는 이게 무슨 냄새냐며 방으로 도망가던 아들이 슬그머니 걸어 나온다. 새우와 버섯을 함께 듬뿍 떠 입에 넣으니 새콤하고 매콤한 요 맛에 못 다본 태국이 더 가고 싶어졌다.

퇴근 후 돌아온 신랑이 묻는다.

"왜 집에서 태국 공항 냄새가 나?"

우리는 마주 앉아 여행의 추억을 곱씹었다. 그리고 그곳에서 꼭 무엇을 했는지보다는 일단 새로운 곳으로 떠나는 것에 의미를 두자고. 아이와 함

께하는 여행도 점점 익숙해질 거라고 서로를 그렇게 응원했다.

이후 우리는 계속 여행을 떠났고 아이와 함께 가는 여행은 회를 거듭할수록 편안해졌다. 다이내믹하고 파란만장한 객고는 없어도 소소한 즐거움을 주는 우리만의 이야기는 그렇게 한 페이지 한 페이지 행복하게 쓰이고 있다.

여행을 떠나면 나와 가족을 다른 시각에서 다시 읽을 수 있는 기회가 많아진다. 일상적인 사이클 안에 맞춰 돌아가다가 여행지에서의 여유로운 향기가 덮인 시계로 갈아타면 그때부터 힐링과 여유로 가득한 진정한 여행의 클라이맥스가 시작된다.

일상에서는 보지 못한 처음 보는 광경들이 나와 내 가족들 앞에서 펼쳐지고, 아이들에게 도란도란 이야기를 걸어주는 순간은 우리 모두의 마음의 불이 반짝 하고 켜지는 감성 터지는 순간이 될 것이나.

누군가가 궁금해하는 것처럼 우리가 즐기는 이 여행은 수입이 넉넉하여 여유롭게 떠나는 여행은 결코 아니다. 덜 쓰고 아껴서 수개월 전에 얼리버드로 저가항공을 끊어두고는 호시탐탐 최저가 딜이 뜨길 노렸다가 숙소를 겟get!

NO
GROU
FIRES

Violators
Subject to $1€

KEEP GU
BEAUTIF

PLEASE
REMOVE
YOUR OWN
TRASH

Littering is a Violatic
Law and Refuge Reg
Violators Subject to

하곤 한다. 중독과도 같은 여행이라는 매력에 빠져 우리 가족은 그렇게 별빛같이 반짝이는 순간들을 그리고, 기다리고, 즐기며 살아가고 있다.

엄마라서 꿈꾸고 설레어 할 권리가 없는 것은 아니다. 현실에 대한 집착과 낯선 곳에 대한 두려움을 조금은 내려놓고 발걸음을 뗄 수만 있다면 그곳에서 우리는 잃어버린 많은 것들을 회복할 수 있다.

여행은 상상하는 것만으로도 설렌다. 엄마에게도 설렐 권리가 있다. 매번 다른 사람들 블로그나 SNS를 통해 부러워하지 말고, 괜한 시샘으로 감정 소모하지 말고 생각만 하지 말고, 용기 내어 떠나보기를 바란다.

아날로그 버터 달걀 비빔밥

재료

따뜻한 밥 2공기, 버터 2큰술, 참기름 1큰술, 양조간장 1큰술

〈부드러운 계란찜〉

계란 2개, 다시물 1컵, 국간장 1작은 술, 미림 1작은술

*다시물은 물 1컵에 다시마 5*5cm 1장을 30분 정도 담가두어 만든다. 시간이 없다면 물 1 컵에 다시마를 함께 넣고 약불에서 끓이다가 물이 끓기 시작하면 바로 다시마를 건져 낸 뒤 다시마 육수를 식혀 사용해도 좋다.

1. 계란은 식힌 다시물, 국간장, 미림을 넣어 섞은 뒤 고운 체로 걸러 용기에 담는다.

2. 김이 오른 찜기에 계란은 뚜껑을 덮어서 약불로 4분간 찐다.

3. 따뜻한 밥에 계란찜과 버터 1큰술, 참기름 1/2큰술 양조간장 1/2큰술을 넣고 비벼 완성 한다.

*계란찜은 반드시 체에 거르고 약불에서 뚜껑을 덮고 조리해야 곱고 부드럽게 만들 수 있다.

미안해하지 말아요 닭고기 쌀국수

재료

닭다리 4개, 양파 1개, 마늘 4톨, 물 5컵, 청양고추 1개, 청주 2큰술, 숙주 50g,
쌀국수 140g, 피시소스 약간, 쌀국수 장국 7큰술, 생강 1쪽, 쪽파 2대, 코리앤
더 약간, 레몬 슬라이스, 스리라차 칠리소스, 해선장

1. 닭다리는 칼집을 내고 양파는 1/2개만 준비한다.

2. 냄비에 닭다리, 양파 반 개, 마늘, 물, 청주, 쌀국수 장국, 생강을 모두 넣고 끓여 육수를
   만든다.

3. 쌀국수는 미지근한 물에 20분간 불린 뒤 끓는 물에 2분간 삶아 둔다.

4. 남은 양파 1/2개는 채썰고, 청양고추, 쪽파는 송송 썬다.

5. 숙주는 깨끗하게 씻어 꼬리를 다듬는다.

6. 육수는 체에 걸러 준비한 뒤 피시소스로 간한다.

7. 그릇에 익힌 쌀국수를 담고 숙주, 양파, 쪽파, 고추, 닭고기를 올린다.

8. 뜨거운 육수를 부어 담고 코리앤더와 후추, 레몬 슬라이스는 기호에 따라 곁들인다.

9. 취향에 따라 해선장과 스리라차 칠리소스를 곁들여 먹는다.

*국물용 멸치와 다시마, 닭가슴살을 넣은 육수를 만들어 닭가슴살을 결대로 찢어 간단하게
만들어 먹어도 좋다.

엄지척 스피드 잡채 (Serving Size : 4인분)

재료

불린 당면 300g, 쇠고기 잡채용 150g, 노란 파프리카 1개, 홍피망 1개, 중국 부추 50g, 양파 1/2개, 표고버섯 2개, 통깨 약간

〈조림 양념〉

양조간장 1/3컵, 설탕 3큰술, 청주 1큰술, 참기름 3큰술, 후추 약간, 물 1컵

1. 당면은 찬물에 20분간 불린 뒤 300g 계량하여 준비한다.

2. 조림 양념은 물 1컵을 제외하고 분량대로 섞어 둔다.

3. 파프리카, 피망, 양파, 표고버섯은 채썰고, 부추는 5cm 길이로 썬다.

4. 조림 양념 중 1큰술을 덜어 쇠고기에 버무려 밑간한다.

5. 달군 팬에 양파와 피망, 파프리카, 버섯은 따로따로 중불에서 1분씩 볶아 낸다.

6. 달군 팬에 식용유를 두른 뒤 쇠고기도 센불에서 2분간 볶아낸다.

7. 불린 당면은 끓는 물에 살짝 데쳐낸 뒤 찬물에 헹군다.

8. 조림 양념은 물 1컵을 섞어 넉넉한 웍에서 끓인다.

9. 조림 양념이 끓기 시작하면 데쳐 놓은 당면을 넣고 중불에서 조리듯 볶는다.

10. 당면이 익으면 불을 끄고 볶아 두었던 고기와 야채와 함께 버무려 통깨를 뿌려 마무리한다.

쿨내 진동 콥 샐러드

재료

로메인 레터스 50g, 방울토마토 100g, 삶은 달걀 1개, 닭가슴살 100g, 베이컨 3줄, 블랙 올리브 5개, 소금 약간, 식용유 약간

〈드레싱〉

올리브 오일 3큰술, 레드와인 비네거 3큰술, 디종머스타드 2작은술, 설탕 1큰술, 후추 약간

1. 드레싱은 분량대로 섞어 완성한다.

2. 로메인은 차가운 물에 헹궈 한입 크기로 썬다.

3. 방울토마토는 1/2등분 한다.

4. 베이컨은 1cm 폭으로 썰어 팬에 바삭하게 볶아낸다.

5. 닭가슴살은 소금, 후춧가루로 밑간한 뒤 달군 팬에 식용유를 두르고 구워낸다.

6. 익힌 닭가슴살은 사각썰기한다.

7. 블랙 올리브는 슬라이스하고, 달걀은 한입 크기로 썬다.

8. 그릇에 손질한 재료들을 어우러지게 담고 드레싱은 곁들여 낸다.

*콥 샐러드 드레싱은 여러 가지 재료와 두루 잘 어울린다. 집에 있는 재료들로 응용하여 편하고 부담 없이 만들어 보자.

두근두근 똠얌쿵

재료

새우 8마리, 양송이버섯 6개, 닭육수 3컵, 청경채 1포기, 양파 1/4개, 홍고추 1개, 생강 5g, 다진마늘 1/2큰술, 피시소스 1작은술, 커리앤더 약간, 똠얌쿵 페이스트 2큰술, 고춧가루 1작은술, 고추기름 2큰술

1. 새우는 몸통 껍질과 내장을 제거한다.

* 새우는 머리에서 깊은 맛이 우러나오니 머리는 제거하지 않는다.

2. 양송이버섯은 슬라이스하고, 청경채는 1/4등분한다. 고추는 어슷하게 썬다. 양파는 채썰고 생강은 나박하게 썬다.

3. 냄비에 고추기름을 두른 뒤 양파와 생강, 다진 마늘, 똠얌쿵 페이스트을 볶다가 닭육수를 넣는다.

4. 〈3〉이 끓어오르면 양송이버섯, 고춧가루와 새우를 넣고 끓인다.

5. 새우가 익으면 청경채를 넣고 바로 불을 끈다.

6. 마지막에 피시소스로 간을 맞추고 송송 썬 고추를 올린다. 기호에 따라 커리앤더를 올려 완성한다.

*똠얌쿵 페이스트는 온라인 샵에서 구하기 쉽다. 닭육수는 시판 닭육수 블록을 물과 희석해서 사용해도 좋고 캔에 들어 있는 치킨 브로스를 활용해도 좋다. 불린 쌀국수를 넣어 함께 끓여 먹으면 똠얌누들로 활용이 가능하다.

육아로 지친

당신을 위한

따듯한 토닥거림

세상에는 너무나 대단한 엄마들이 많다.

아이들을 영재로 키워 명문대에 입학시킨 엄마들도 있고, 자녀들을 수재로 키워낸 박사학위를 가진 엄마도 있고, 자기 분야에서 입지를 단단하게 굳힌 이름만 들어도 아는 워킹맘들고 있고, 블로그나 SNS만 들춰봐도 육아 정보와 가사 능력을 동시에 갖춘 파워블로거들도 수도 없다. 난 이 중 그 무엇에도 해당되지 않는다. 우리 아이가 영재도 아니고, 난 그다지 살림에 취미도 없으며 주어진 일을 그때그때 해나가는 평범한 프리랜서 워킹맘일 뿐이다.

첫아이를 낳고 그 어디서도 배운 적 없는 육아를 어찌해야 하는지를 몰라 일단 책부터 사기 시작했다. 소위 말하는 육아전문가들이 다양한 연구결과와 경험을 토대로 써내려간 책들을 밑줄을 치고 밤을 새워가며 읽고 읽고 또 읽었다.

하지만 내가 겪은 육아는(예상은 했었지만) 책으로 배우는 것과는 거리가 있었다. 책처럼 해도 모범 답안처럼 커주지 않는 내 아이를 보며 내가 잘못했나, 난 엄마로서 아직 부족한 건가 자책하고 반성하는 시간만 늘어갔다. 그럴수록 육아는 해결되지 않는 미궁 속으로 더 빠지곤 했다.

게다가 왜 모든 잘못은 엄마에게 있다고 하는지 나도 잘하려고 하는데 왜 다그치기만 하는지 억울한 마음이 들기까지 했다.

그럴 때마다 내가 가장 큰 위로를 받은 곳은 나와 같은 길을 걷고 있는 주변 사람들이었다. 또래친구들, 동네 엄마들, 인터넷 카페에서 같은 고민을 나누는 사람들.

"나 아이 키우는 게 정말 힘들어"라고 이야기했을 때,

"너가 잘못해서 그래. 내 방법을 한번 들어볼래?"가 아닌,

"나도 그래. 애 키우는 거… 그거 진짜 보통일 아니지 않니?"라고 공감해주던 사람들.

오히려 뾰족한 답을 내진 못해도 그들과 이런저런 대화

를 주고받으면 동지를 만난 것 같아 위로가 되고 힘이 났다.

이 책이 당신에게 그런 동지 같은 존재였으면 좋겠다. 서툴고 창피한 내 일상들이 담긴 이 책을 읽으며 나만 힘든 것이 아니었구나, 처음 하는 거니까 누구나 서툴 수 있구나 위로 받았으면 좋겠다.

외롭거나 스트레스를 받거나 힘이 빠질 때 마음을 달래는 음식들을 컴포트 푸드comfort food 또는 메모리 푸드 memory food라고 한다. 사람들은 슬프거나 외로울 때 특정 음식을 떠올리거나 찾는다고 한다. 그 위로의 음식은 몇 가지로 딱히 정해진 것이 아니지만 대부분 유년기에 자주 먹던 음식인 경우가 많다. 나 역시 어린 시절 즐긴 음식들이 두고두고 따뜻한 토닥거림이 되어주고 있다.

여기에 소개된 소박한 음식들도 당신에게 위로의 음식이 되고, 나아가 당신과 함께 음식을 나눈 아이들에게도 마음의 안정을 느낄 수 있는 음식이 되어 힘들 때마다 행복한 만족감을 준다면 얼마나 좋을까?

한동안은 육아서에서 읽은 좋은 말만 고르고 골라 A4 용지에 빼곡하게 정리해서 화장대, 냉장고, 화장실까지 눈길이 닿는 곳마다 붙여놓고 스스로를 채찍질했다. 육아서에서 제시한 '내 아이에게 꼭 해주어야 할 100가지'를 다 해내지 못하면 조급하고 불안하기까지 했다. 그렇게 한 해 한 해가 지나갔다.

아이가 밤새 칭얼거리지만 않는다면, 모유수유만 끊는다면, 이유식 시기만 지나고 나면, 기저귀만 뗀다면, 어린이집만 적응하면, 유치원만 정해지면, 학교만 들어가면…….

그렇게 엄마라는 역할에 몰입하는 사이 나의 행복은 자꾸 뒷전이 되는 듯했다. 아이를 키우면서 포기한 것이 너무 많다고 생각이 들었고, 이렇게 내 꿈을 포기하면서까지 버티고 있는데 보람보다는 고단함이 더 커서 기운이 빠졌다. 그렇게 정신없이 두 아이를 키우다보니 그 치열한 육아를 시작하는 이들에게 해주고 싶은 작은 이야기가 생겼다.

엄마의 행복을 소소한 것에서 찾으라고.

남태평양 바닷가에서 칵테일 들고 누워 있는 것만이 행복이 아니고, 친구들과 핫한 브런치 카페에서 화려한 햇살을 만끽하는 것만이 행복이 아니다. 갓 만든 위로의 음식을 입에 한입 앙 물고는 슬쩍슬쩍 엉덩이춤을 쳐보면 나도 모르게 피식 웃음이 나오는 순간, 그런 순간들이 행복인 것 같다. 그렇게 육아하는 엄마인 당신을 위로할 수 있는 음식들을 담고 싶었다.

나는 여전히 부족한 엄마이고, 아내이고, 워킹맘이다.

일 년 전 나는 내년쯤에는 더 나은 엄마이자 아내 그리고 워킹맘이 될 수 있을 거라 생각했지만 정작 일 년이 지난 지금 나는 별로 달라진 것이 없다. 늘 집안일은 손에 붙질 않고 강의나 프로젝트를 진행하며 스트레스도 받는다. 어쩔 때는 하나도 제대로 못하며 열일을 하겠다고 붙잡고 있는 내가 답답하기도 하다.

하지만 행복을 커다란 하나의 덩어리가 아닌 작은 덩어리로 나누어 여기저기 숨겨 놓으니 찾을 때마다 행복하고 감사한 일이 너무나 많아졌다.

이 책이 무릎을 딱 칠 만한 육아 해결서가 되리라 생각진 않는다. 하지만 이 글들이, 이 음식들이 육아하는 이들에게 따뜻한 위로가 되기를 바래본다. 수고했다고, 최고라고, 우레와 같은 박수를 쳐주며 세상의 모든 엄마들을 힘껏 응원해주고 싶다.

육아 동지로서 서툰 나의 글을 잘 헤아려 빛을 보기까지 노력해준 편집자와 일과 가정 사이에서 어리바리 헤맬 때 믿어주고 응원해준 고마운 사람들, 그리고 날 이해해주고 지켜봐주고 사랑해주는 나의 어여쁜 가족들과 이 책을 함께 나누고 싶다.

특히 나의 깐넌니와 이똘로!

너희가 오랜 시간이 지난 뒤에도 엄마와 함께한 장면과 좋았던 기분을 떠올리며 이 음식에게서 위로를 받고 행복할 수 있기를 바란다.

내가 태어난,
그리고 다시 태어날 9월 어느 날에
이지현

혼밥
육아

초판 1쇄 인쇄 2016년 10월 21일
초판 1쇄 발행 2016년 10월 28일

지은이 이지현

펴낸이 박세현
펴낸곳 팬덤북스

기획위원 김정대·김종선·김옥림
기획편집 윤수진
편집 김종훈·이선희
디자인 강진영
영업 전창열

주소 (우)03966 서울시 마포구 성산로 144 교홍빌딩 305호
전화 070-8821-4312 | **팩스** 02-6008-4318
이메일 fandombooks@naver.com
블로그 http://blog.naver.com/fandombooks

등록번호 제25100-2010-154호

ISBN 979-11-86404-73-7 03590